U0390716

中等职业教育课程改革创新教材
中职中专服装设计与工艺专业系列教材

服装材料与应用

李春梅　主编

陈畅足　彭云怡

苏之友　钟淑芳　副主编

科学出版社

北　京

内 容 简 介

本书从对服装行业的职业认知及对业内服装材料应用的角度出发，结合服装产品的研发、设计、裁剪、缝制、检验、销售等岗位的知识、能力的需求，介绍了各种类型服装的面辅料的识别与选用。本书分为认知篇、应用篇、创新篇和维护篇，以工作项目—任务为导向，形成阶段性课程结构，以企业的岗位要求和工作素养要求学生，以企业实际运作流程规范学生，注重解决在面辅料选用过程中遇到的问题，同时尽可能结合前沿的面料知识和应用方法进行学与练。

本书将理论与实践紧密结合，内容精练，通俗易懂，具有实用性和可操作性，可作为中职学校服装专业学生的教学用书，也可作为服装行业从业者学习服装设计与材料应用的参考用书。

图书在版编目（CIP）数据

服装材料与应用/李春梅主编. —北京：科学出版社，2017

（中等职业教育课程改革创新教材·中职中专服装设计与工艺专业系列教材）

ISBN 978-7-03-048733-9

Ⅰ.①服… Ⅱ.①李… Ⅲ.①服装–材料–中等专业学校–教材 Ⅳ.①TS941.15

中国版本图书馆 CIP 数据核字（2017）第 108778 号

责任编辑：陈砺川 王会明 / 责任校对：陶丽荣
责任印制：吕春珉 / 封面设计：东方人华平面设计部

科 学 出 版 社 出版

北京东黄城根北街 16 号
邮政编码：100717
http://www.sciencep.com

新科印刷有限公司 印刷

科学出版社发行 各地新华书店经销

*

2017 年 11 月第 一 版 开本：889×1194 1/16
2017 年 11 月第一次印刷 印张：12 3/4
字数：300 000

定价：35.00 元

（如有印装质量问题，我社负责调换〈新科〉）

销售部电话 010-62136230 编辑部电话 010-62135397-2008

丛书编写指导委员会

　　一位人类学家曾经说过："世界上固有不穿一点衣服的蛮族存在，但不装饰身体的民族却从未见过。"由此可见，服装对于人类的意义和价值。翻开人类服装演变史，从石器时代游牧民族祭祀祖先的原始歌舞、猎手修饰身体的兽皮树衣，到陶器时代流传开来的麻纤维；从青铜时代涓流细长的丝织物，到大工业时代坚挺耐用的尼龙织物……人类的智慧和对美的追求始终激发并深化着服装材料的进化历程和无限的艺术美感。

　　服装材料是服装设计三大要素之一。在市场经济下，要设计和制造出适销对路的服装，重要的一个环节就是服装材料的合理选择和搭配，既要考虑服装材料的表面色泽、纹理和图案效果，又要考虑服装材料的造型能力、加工性能和服用性能，还要求必须满足预定的性能成本比。综合考量之下，设计师们才最终定稿决定最为适宜的设计。

　　进入 21 世纪以后，知识的更新，审美观念的改变，产业技术的发展，不断给服装行业带来新的机遇和挑战。想要创造出符合当代审美需求的流行设计，需要更加注重对服装材料的开发应用和改革创新，把现代艺术中抽象、变形等艺术表现形式融入服装材料再创造，丰富材料的表现力，为现代服装设计艺术提供了更为广阔的空间。这要求从事服装行业的工作者要不断更新思维，掌握服装材料的基本知识和应用方法，同时，要求服装教育机构要不断改革服装材料的教学模式，以满足现今服装企业的人才培养需求。

　　中职学校的服装材料学传统教育是一种偏向封闭式、填鸭式的教育，教学内容比较单一，大多集中在服装面辅料知识的基础讲解，或者直接用来辅助其他课程，与实际企业操作和公司运营是脱离的，这样的教学方式已经不能适应我国快速发展的服装产业的需要。如何使人才培养与企业需求相匹配，就成为服装材料课程教学的重点。

　　"授人以鱼，不如授人以渔"。本书根据中职学校服装专业的授课特点，以企业项目和任务驱动的方式编写，本书便是编者在服装材料教学改革创新中的一种尝试与探索。在学中做，做中学，让学生在项目案例实战中体验企业服装设计岗位的运作，熟悉服装材料的知识和应用，培养实际工作的技能和素质。

　　本书由多位长期从事服装专业一线教学工作的教师基于教学实践经验编写

的，强化了教与学、学与做之间的教学关系，注意培养初学者的创新思维、实践能力和协作精神，并开拓其专业视野。本书由李春梅任主编，陈畅足、苏之友、彭云怡、钟淑芳任副主编，编写分工如下：项目 1、项目 3 由钟淑芳编写，项目 2 由李春梅编写，项目 4、项目 7 由陈畅足编写，项目 5、项目 6 由苏之友编写，项目 8、项目 9 由彭云怡编写，全书由苏之友、陈畅足负责定稿。

本书的编写得到了中山市沙溪理工学校、中山市中纺联纺织品检测有限公司等领导的重视和支持，在此对参与本书编写的所有工作人员和部门给予深深的谢意！本书不足之处，敬请广大读者批评和指正。

目　录

第一篇

认 知 篇

项目 1 浮光掠影初相识
——走进服装面料市场

项目简介 ☞

本项目借助导入贝纳通（Benetton）品牌案例，模拟品牌设计部门的工作情境，要求学生基于品牌的基础知识和设计部工作的情境，完成相应的情境任务。在完成任务的过程中，学习不同面料的特点及其用途，举一反三，初步学会将不同的材质和特性表达在服装款式设计上。

服装以面料制作而成，面料就是用来制作服装的材料。作为服装三要素之一，面料不仅可以诠释服装的风格和特性，而且直接左右着服装的色彩、造型的表现效果。

在服装款式中，面料是塑造和展示服装适用性的主要表达，如冬天防寒的皮衣，春秋保暖适宜的针织、夏天凉爽的冰丝、浪漫的白纱和粗犷的牛仔等。设计师通过面料的选择，设计出适合人们不同季节场合穿着的服装。各种面料在服装上的应用如图1-1所示。

（a）腈纶+羊毛　　　　　　　　　　　（b）聚酯

（c）棉　　　　　　　　　　　（d）皮革+聚酯

图 1-1　各种面料在服装上的应用

项目导入

贝纳通服装

UNITED COLORS OF BENETTON.

"设计随意幽趣，剪裁易于穿着，常常把来自怀旧情绪的灵感应用于现时的服装。鲜艳、丰富的色彩是贝纳通永恒的特点。"

贝纳通公司成立于1965年，最初以生产手工编织套衫为主，后陆续推出休闲服、化妆品、玩具、泳装、眼镜、手表、文具、内衣、鞋、居家用品等。这些产品主要针对大众消费者，特别是年轻人和儿童，由总设计师朱丽安娜·贝纳通及200多名设计师共同设计、制作，充分体现新一代年轻人的价值观。贝纳通在休闲服装生产领域，与美国加利福尼亚的埃斯普瑞（Esprit）并驾齐驱。

最早的贝纳通服装主要针对年轻人及儿童。几年后，各个年龄层次的消费者都接受了它。贝纳通服装的设计随意幽趣，剪裁易于穿着，把来自于怀旧情绪的灵感应用于现时的服装，如20世纪50年代以高技术合成纤维织物制成的滑雪服，60年代的鲱鱼骨套装、迷你裙，70年代把珠子与皮革串合在一起的迪斯科装等，另有部分系列如北欧风格主题的童装，包括牛仔服的蓝色家庭系列。贝纳通套衫有小批量用染色纱线制成。贝纳通的设计师们最常去的地方是秘鲁，这个南美国家提供给他们无穷的灵感。

任务 *1.1* 调研服装面料市场

【任务情境】　　假设你去应聘贝纳通服装公司的设计助理，该职位主要负责款式面料、辅料的搭配与跟单。为了让你更快适应工作，上司安排你对服装面料市场进行调研，了解服装面料市场的现状，了解服装面料的原料特性、组织、风格等，分析服装面料的流行趋势，加强对材料的运用。

【任务目标】　　● 掌握服装面料市场调研的方法；

　　　　　　　　● 了解服装面料市场，对面料知识有初步了解；

- 完成一份服装材料市场调研报告。

【任务关键词】　　服装面料市场　服装面料　市场调研方法

【任务解析】　　本次任务是为了让公司设计部新员工熟悉工作岗位而设置的。上司希望你通过对服装面料市场的调研，了解服装面料，完成调研报告，为以后的面料搭配与跟单工作打下良好的基础。

【任务思路】　　学习调研知识—搜集资料—市场调研—资料整理—调研报告

理论与方法

1 市场调研的依据

调研可遵循 5W1H 原则：谁穿（Who），为什么穿（Why），在什么场合穿（Where），什么时候穿（When），选择什么服装材料（What），什么样的价格（How much）。

2 市场调研的方法

常用的市场调研方法有询问法调研、观察法调研和实验法调研。

（1）询问法调研

调查员直接接触被调查对象，通过询问的方式收集面料有关信息的方法，称为询问法调研。询问法调研按接触方式不同分为三种形式，即走访调查法、信息调查法、电话调查法。

走访调查法是指调查员面对面地向被调查对象提出有关问题，由被调查对象回答，调查员当场记录的一种询问法。信息调查法是指把事先精心设计的问卷，通过信函的方式寄送给被调查对象，由被调查对象填写后寄回给调查员的一种询问调查法。信息调查法比较客观，被调查对象可真实填写自己的见解，并有充分的时间考虑问题，而且调查成本低，可节省大量的时间；缺点是有些调查对象可能认为事不关己，回答问题敷衍，问卷回收率低。电话调查法是指市场调查相关人员通过电话向被调查者进行问询、了解市场的一种方法。由于电话调查法调查者与被调查者彼此不直接接触，而是借助于电话进行调查，因而是一种间接调查法。

（2）观察法调研

观察法调研是指调查员亲临所要调查的现场（如面料市场）进行实地调查，或在被调查对象毫无察觉的情况下，对他（她）的有关行为、反应进行调查统计的一种方法。

（3）实验法调研

实验法调研是指选择较小的范围，确定 1~2 个因素，并在一定的条件下，对影响面料销售的因素进行实验，然后对结果进行分析和研究，进而在大范围进行推广的一种调查方法。实验法调研的应用比较广泛，每推出一个系列的服装款式，都可以在小范围内进行实验，了解顾客对面料的工艺、色彩、质量、肌理、价格、用途方式等因素的反应，然后决定是否大批量进货。

3 市场调研的流程

市场调研常规工作程序如图 1-2 所示。

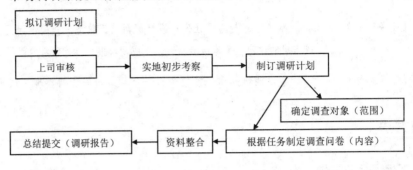

图 1-2 市场调研常规工作程序

实践与操作

1 制订调研计划

根据调研目的和对象（地点），确定调研内容（如面料的颜色、肌理、质量、价格、用途特点等），设计调研表或调研问卷，收集、整理、汇总、分析，完成总结材料或调研报告，填入表 1-1 中。

表 1-1 总结材料或调研报告表

调研目的	
调研时间	
调研地点（对象）	
调研内容	
调研小结/市场分析	

2 调研报告

组织实地调研，把调研过程中的数据、记录等进行整理、汇总、分析，完成调研报告总结。其中报告内容包括调研的基本信息、调研总结、调研结论等，如表 1-2 所示。

表 1-2 调研报告表

关于《休闲服装设计中的服装材料应用调研》报告			
调研组组长		调研组成员	
调研时间			
调研（对象）地点			

续表

调研内容	
调研报告	
调研结论	

3 调研案例

1) 调研计划（来源于中山市沙溪理工学校 11 服 2 班学生）如表 1-3 所示。

表 1-3　调研计划表

\multicolumn{4}{c}{关于《企业在休闲服装设计中的服装材料应用调研》计划}			
调研组组长	李××	调研组成员	吴××、梁××、杨××
计划调研时间	\multicolumn{3}{c}{2015 年 10 月 13 日（星期六）}		
调研（对象）地点	\multicolumn{3}{c}{贝纳通休闲服装公司}		
调研方法	\multicolumn{3}{c}{观察法、调查法}		
调研内容	\multicolumn{3}{l}{1. 休闲服装设计中常用的面料：常用的纱类、缎类面料等 2. 休闲服装设计中面料的应用：①使用部分；②风格特点；③创新应用}		
调研安排（分工）	\multicolumn{3}{l}{1. 李××（组长）、吴××：组长负责协调工作安排，负责调研休闲服装设计中常用的面料 2. 梁××、杨××：负责调研休闲服装设计中面料的应用 3. 拍照：吴×× 4. 记录：杨×× 5. 整理报告：李××、吴××、梁××、杨××}		

2) 调研报告如表 1-4 所示。

表 1-4　调研报告

\multicolumn{4}{c}{关于《企业在休闲服装设计中的服装材料应用调研》报告}			
调研组组长	李××	调研组成员	吴××、梁××、杨××
调研时间	\multicolumn{3}{c}{2015 年 10 月 13 日（星期六）}		
调研（对象）地点	\multicolumn{3}{c}{贝纳通休闲服装公司}		
调研内容	\multicolumn{3}{l}{1. 贝纳通休闲服装公司生产车间基本情况 2. 休闲服装设计中常用的面辅料 3. 休闲服装设计中面料的应用：①使用部分；②风格特点；③创新应用}		
调研报告	\multicolumn{3}{l}{1. 调研企业介绍 　贝纳通公司成立于 1965 年，最初以生产手工编织套衫为主，后陆续推出休闲服、化妆品、玩具、泳装、眼镜、手表等，主要针对大众消费者，特别是年轻人和儿童，由总设计师朱丽安娜·贝纳通及 200 多名设计师共同设计、制作，充分体现新一代年轻人的价值观，在休闲服装生产领域，与美国加利福尼亚的埃斯普瑞（Esprit）并驾齐驱}		

调研报告	2. 休闲服装设计中常用的面料与应用
	（1）常用针织类
	① 珠地布：布面肌理感较强，组织紧密感较好，稳重，洗后不易变形、歪扭
	② 平纹布：布面肌理感不强，无纹路变化，布面平整，有正反面，组织间较紧密，弹性不强，不易变形，常用于文化衫
	③ 双面布：布的底面织法一样，平滑、柔软，富有弹性和吸湿性
	④ 毛巾布：针织起毛织法，布面呈圈状，手感柔软，多用于外套或 T 恤
	⑤ 卫衣布：布面平滑，布底柔软，吸汗，保暖，偏厚，多用于运动服
	⑥ 平纹拉架：具有弹性，穿着有型，织法紧密，布面效果均匀
	⑦ 罗纹：布面纹路有凹凸表现，面料手感较好，效果好，适用于合体紧身款
	⑧ 印花类：印花类材料不耐高温，不宜高温熨烫
	（2）常用梭织类
	① 锦纶：平滑，耐用，吸湿性和透气性差，耐热性和耐光性差
	② 亚纺复合布：质地轻薄、爽挺、平滑，特点是双重防风、不吸汗，内涤纶贴面起静电，洗涤方便
	③ 平布：较薄，表面平滑，结实耐用，较笔挺，多用于衬衣
	④ 斜纹布：梭织斜纹织法，平纹细密且厚，柔软，多用于西裤
	⑤ 牛仔布：斜纹织法，耐洗耐用，手感柔软，用于牛仔服
	（3）毛衫类
	① 羊仔毛：羊仔第一次剃下的毛，较一般羊毛柔软，特点是轻身、柔软、保暖
	② 混纺：羊毛+人造毛，比较有弹性，手感平滑，特点是柔顺、不扎身，适合天气不太冷时穿着
	③ 棉线衣：以粗棉线织成，不太保暖，多用于稍凉的天气
	④ 人造开司米：100%的人造纤维，手感柔软，价钱便宜，柔顺、保暖、轻身
调研结论	休闲服装中用到的面料很多很杂，但是主要的就集中在针织、梭织、毛衫等几种；同种面料又有进口及国产之别，材料的不同也决定服装不同的档次与价格

任务拓展

经过了一周的适应，作为设计助理的你已经具备了一定的工作经验，对服装面料市场有了相应的了解。只是了解服装面料市场，是无法完全胜任设计助理这个职位的。在企业中，设计师要懂得"成本"这个概念。因此，在进行调研时，你也要了解面料的价格。

本次任务拓展请你对休闲服装常用的面料进行一次市场调研，要求对面料的价格进行了解，并完成调查报告 1 份。

任务 *1.2* 把握服装面料分类

【任务情境】　　　经过对面料市场的调研，你已经能对面料有初步的了解，但面料的种类非常多，应从掌握面料的基本分类入手。现在上司要求你学习服装的常见面料，通过对面料知识的搜集，进行面料分类，完成面料分类板。

【任务目标】
- 掌握服装面料收集、整理的方法；
- 了解服装设计中常用面料的分类；
- 了解服装设计中常用面料的特点。

【任务关键词】　　服装面料搜集　　服装面料分类　　服装面料案板

【任务解析】　　　本任务要求在初步认识服装面料的基础上，深入学习服装面料的基本知识，学习服装面料的整理、分类方法，学习服装面料的种类和特点，并总结整理出服装面料分类案板。

【任务思路】　　　学习面料搜集方法—面料基本知识搜集—总结提炼—制作案板

理论与方法

服装面料搜集整理方法：材料的搜集→分大类→分小类→分价格→排列→编制编号→编制材料目录→装订。

搜集：到面料市场进行面料大范围的搜集。

分大类：将搜集的面料根据棉、麻、化纤、混纺四大类进行分类。

分小类：将面料分大类后，根据面料的工艺、肌理、厚薄等再进行小分类。

分价格：同类面料按采购价格进行分类。

排列：分类完毕后，进行色彩或季节性排列。

编制编号：为了日后方便翻阅查找，需为每一材料进行有序编号。

编制材料目录：编制面料材料目录，方便翻阅。

装订：分类整理完毕后，面料装订或展架分类装箱。

服装面料整理分类如图 1-3 所示。

图 1-3　服装面料整理分类

实践与操作

面料分棉型织物、麻型织物、丝型织物、毛型织物、纯化纤织物和其他服装面料六大类。其中，每一大类都包含了不同用途、不同特点的织物种类。

1 棉型织物

棉型织物，是指以棉纱线或棉与棉型化纤混纺纱线织成的织品。其透气性好，吸湿性强，穿着舒适，是实用性强的大众化面料。可分为纯棉织物、棉的混纺织物两大类。

（1）纯棉织物

以棉纤维为原料织造的织物称为纯棉织物，如图1-4所示。纯棉织物用途很广，除大量用于衣服、生活用品之外，还可以用于工业制品，如制作帆布、传送带等。

图1-4 纯棉织物

1）平纹类棉型织物。

① 平布：具有组织简单、结构紧密、表面平整的特点，如图1-5所示。根据其使用纱线的粗细和风格，可以分为粗平布、中平布、细平布三类。

图1-5 平布

② 府绸：棉布中的高档品种，如图1-6所示。多以平纹为基础，比细平布更细腻，纹路清晰，手感柔软如绸。

图1-6 府绸

③ 巴厘纱：也叫玻璃纱，是一种稀薄透明的平纹织物，如图 1-7 所示。布面轻薄细洁、纱孔清晰，透气性好，手感挺括爽滑。

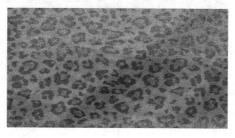

图 1-7 巴厘纱

④ 麻纱：不是由麻纤维织造而成的，它是通过纺织工艺处理使棉织物具有麻织物的粗犷风格，如图 1-8 所示。织物具有挺括清爽的外观和手感，故称为麻纱。

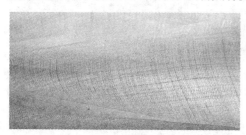

图 1-8 麻纱

⑤ 帆布：经、纬纱均采用多股线织制的粗厚织物，如图 1-9 所示。具有紧密厚实、手感硬挺的特质。

图 1-9 帆布

2）斜纹类棉型织物。斜纹布的正面有向左或向右的斜纹纹路。常见品种有卡其、哔叽和华达呢，如图 1-10 所示。

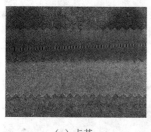

（a）卡其　　　　　　　（b）哔叽　　　　　　　（c）华达呢

图 1-10 斜纹类棉型织物

3）缎纹类棉型织物。缎纹类棉型织物以缎纹组织织成，有直贡缎横贡缎之分，同时也有纱和线两种，如图 1-11 所示。

图 1-11　缎纹类棉型织物

4）起绒类棉布。起绒类棉布一般是指棉布经过拉绒处理后，表面呈现一层绒的布。常见品种有绒布、灯芯绒、平绒、丝光绒等，如图 1-12 所示。

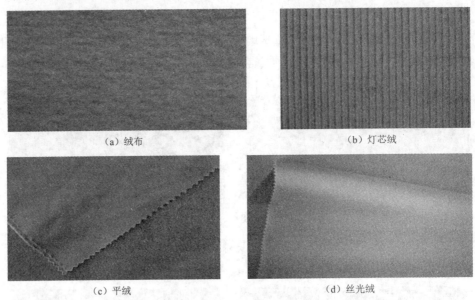

（a）绒布　　　　　　　　　　　　（b）灯芯绒

（c）平绒　　　　　　　　　　　　（d）丝光绒

图 1-12　起绒类棉布

5）起皱类棉布。起皱类棉布采用轻薄平纹细布加工而成，由于采用不同的加工工艺处理，使得布面有不同的立体效果。常见品种有纯棉泡泡纱、纯棉树皮绉、纯棉褶皱布，如图 1-13 所示。

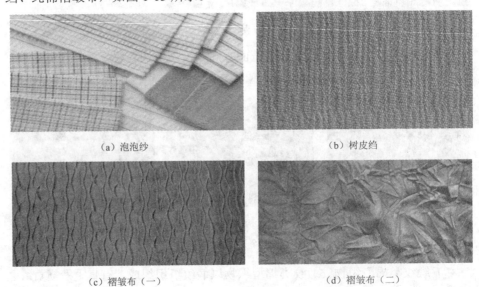

（a）泡泡纱　　　　　　　　　　　（b）树皮绉

（c）褶皱布（一）　　　　　　　　（d）褶皱布（二）

图 1-13　起皱类棉布

6）色织棉布。色织棉布采用染色或漂白纱线，根据不同的花型和组织结构织成。常见的品种有线呢、劳动布、牛仔布和牛津纺等，如图 1-14 所示。

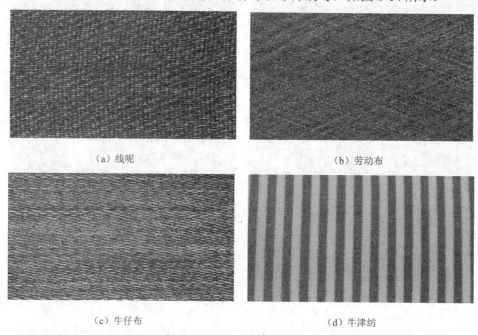

（a）线呢　　　　　　　　　　　（b）劳动布

（c）牛仔布　　　　　　　　　　　（d）牛津纺

图 1-14　色织棉布

（2）棉的混纺织物

棉的混纺织物是将天然纤维与化学纤维按照一定的比例混合纺织而成的织物。它的长处是既吸收了棉麻丝毛和化纤各自的优点，又尽可能地避免了它们各自的缺点，而且价格相对低廉，所以大受欢迎。

1）粘胶纤维及富强纤维与棉混纺的织物。粘胶纤维及富强纤维与棉混纺的织物一般采用 35%的棉纤维、67%的粘胶纤维或富强纤维织成。常见的品种有粘棉布和富纤棉布，如图 1-15 所示。这种织品耐磨度、强度比纯粘胶纤维织品强。

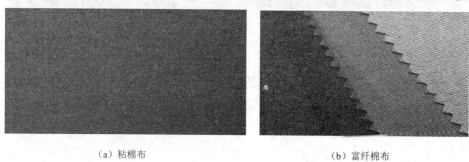

（a）粘棉布　　　　　　　　　　　（b）富纤棉布

图 1-15　粘胶纤维及富强纤维与棉混纺的织物

2）涤棉织物。涤棉织物俗称棉的确良，如图 1-16 所示。有卡其、府绸、平布、细纺、纱罗和色织产品等多种。

3）维棉织物。维棉织物是维纶与棉混纺的织物，如图 1-17 所示。这种织物吸湿性、透通性均很好，且因维纶耐盐水腐蚀，故维棉混纺织物适合制作内衣、内裤、睡衣等。

图1-16 涤棉织物

图1-17 维棉织物

4）丙棉织物。丙棉织物多采用平纹组织，外观挺括，细洁平整，缩水率小，耐穿耐用，但是耐热性、耐光性和吸湿性比较差，适宜制作夏季衬衫和外衣等。丙棉织物与丙棉如图1-18所示。

图1-18 丙棉织物与丙棉

2 麻型织物

由麻纤维纺织而成的纯麻织物及麻与其他纤维混纺或交织而成的织物统称为麻型织物。麻型织物的共同特点是质地坚韧、粗犷硬挺、凉爽舒适、吸湿性好，是理想的夏季服装面料，麻型织物可分为纯麻织物和麻混纺织物两类。

（1）纯麻织物

1）苎麻织物。苎麻织物（如图1-19所示）是由苎麻纤维纺织而成的面料，分手工与机织两类。手工苎麻布俗称夏布，多用作蚊帐、麻衬、衬布用料；而机织苎麻布品质与外观均优于手工制夏布，经漂白或染色后可制作各种服装。

2）亚麻织物。亚麻织物（如图1-20所示）是由亚麻纤维加工而成，分原色和漂白两种。

图 1-19 苎麻织物

图 1-20 亚麻织物

3）其他麻织物。除苎麻布、亚麻布外，还有许多其他麻纤维织物，如黄麻布（如图 1-21 所示）、剑麻布（如图 1-22 所示）、蕉麻布等，这些麻织物在服装上很少使用，多用于制作包装袋、渔船绳索等。

图 1-21 黄麻布　　　　　　　　　　　　图 1-22 剑麻布

（2）麻混纺织物

1）麻棉混纺织物。麻棉混纺织物一般采用 55% 麻与 45% 棉，或麻、棉各 50% 比例进行混纺。外观上保持了麻织物独特的粗犷挺括风格，又具有棉织物柔软的特性，改善了麻织物不够细洁、易起毛的缺点，如图 1-23 所示。

图 1-23 麻棉混纺织物

2）毛麻混纺织物。毛麻混纺织物具有手感滑爽、挺括、弹性好的特点，适合制作男女青年服装、套装、套裙、马夹等，如图 1-24 所示。

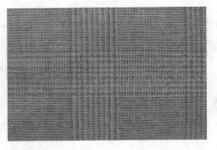

图 1-24　毛麻混纺织物

　　3）丝麻混纺织物。丝麻混纺织物具有真丝织物和麻织物的优良特性，同时还克服了真丝砂洗织物强度下降的弱点，产生了爽滑而有弹性的手感，如图 1-25 所示。此面料适合制作夏令服装。

图 1-25　丝麻混纺织物

　　4）麻与化纤混纺织物。麻与化纤混纺织物包括麻与一种化纤混纺的织物、麻与两种以上化纤混纺的织物，如图 1-26 所示。

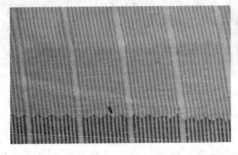

图 1-26　麻与化纤混纺织物

　　③ 丝型织物

　　丝型织物是纺织品中的高档品种。主要具有柔软滑爽、光泽明亮等特点，穿着舒适、华丽。丝型织物按原料大体可分为四大类：真丝绸、人造丝绸、合纤绸、交织绸与混纺绸。

　　（1）真丝绸

　　真丝绸是采用天然蚕丝纤维织成的织物。它又可分为桑蚕丝绸、柞丝绸、绢纺绸和塔夫绸等如图 1-27 所示。

　　（2）人造丝绸

　　人造丝绸是采用粘胶人造丝织成的织物，如立新绸、美丽绸、有光纺等，如图 1-28 所示。这类面料具有质地轻薄、光滑柔软、色泽鲜艳的特点。人造丝绸的缩水率较大，剪裁前应预缩。

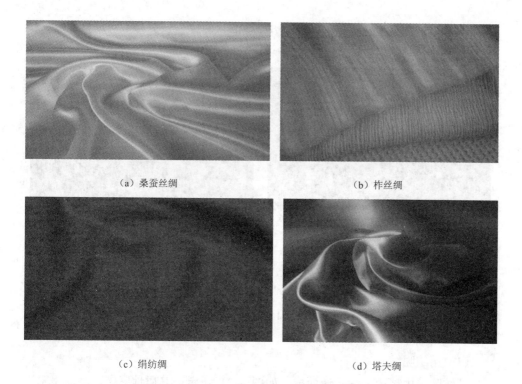

（a）桑蚕丝绸　　　　　　　　　（b）柞丝绸

（c）绢纺绸　　　　　　　　　（d）塔夫绸

图 1-27　真丝绸

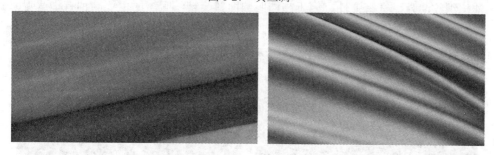

图 1-28　人造丝绸

（3）合纤绸

合纤绸是采用合纤长丝织成的织品，包括涤丝绸、锦丝绸、涤丝绉、涤纶乔其纱等，如图 1-29 所示。这类织物具有天然丝织物的外观，但其绸面更平挺、身骨更坚牢，耐磨性、弹性更好，缺点是光泽不太柔和，吸湿、透气性差，穿着有闷热感。合纤绸服装缝纫和穿着时易扒丝。

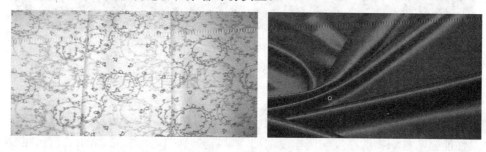

图 1-29　合纤绸

（4）交织绸与混纺绸

用人造丝或天然丝与其他纤维混纺或交织而成的仿丝绸织品，如织锦缎、羽纱、线绨、涤富绸等，如图 1-30 所示。该面料的特点由参与混纺或交织纤维的性质决定。

图1-30 交织绸与混纺绸

4 毛型织物

毛型织物品种非常丰富，可将其归类，根据使用原料可分为全毛织物、含毛混纺织物、毛型化纤织物，根据生产工艺及外观特征可分为精纺呢绒、粗纺呢绒、长毛绒和驼绒等。

（1）精纺呢绒

精纺呢绒由精梳毛纱织造而成，如图 1-31 所示。其质地紧密，呢面平整光洁，织纹清晰，富有弹性，属于高档服装面料。精纺呢绒的主要品种有华达呢、哔叽、花呢、凡立丁、派力司、女式呢、马裤呢、舍味呢等。

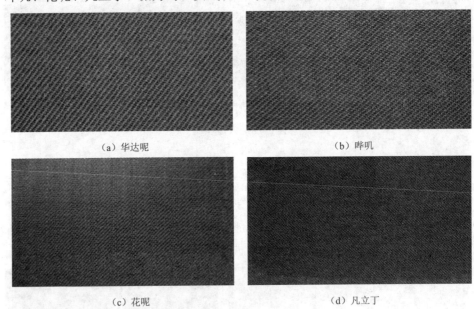

（a）华达呢　　　　　　　　　　　　（b）哔叽

（c）花呢　　　　　　　　　　　　（d）凡立丁

图1-31 精纺呢绒

（2）粗纺呢绒

粗纺呢绒须经缩绒和起毛工艺制作，因此其呢面被绒毛覆盖，不露底纹，保温性能强，且织物的厚度与坚牢度增加，风格独特，如图 1-32 所示。粗纺呢绒的主要种类有麦尔登呢、海军呢、大众呢、制服呢、拷花大衣呢等。

（a）麦尔登呢　　　　　　　　　　　（b）海军呢

（c）大众呢　　　　　　　　　　　　（d）制服呢

图 1-32　粗纺呢绒

（3）长毛绒

长毛绒又名海虎绒或海勃龙，为起毛立绒织物，如图 1-33 所示。长毛绒由两组经纱（地经与毛经）与一组纬纱用双层组织织成，经割绒后得到两片具有同样长毛绒的织品。该绒具有绒面平整、毛长挺立丰满、手感柔软蓬松、质地厚实有弹性等特点。长毛绒通常是用棉线作为地经与纬纱，只有毛经才用毛纱。

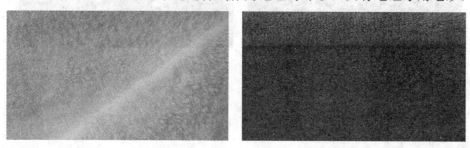

图 1-33　长毛绒

（4）驼绒

驼绒也叫骆驼绒，属针织拉绒产品，因将羊毛染成驼色而得名，是用棉纱编织成底布，粗纺毛纱织成绒面，经拉毛起绒而形成毛绒，如图 1-34 所示。该绒具有绒身柔软、绒面丰满、伸缩性好、保暖舒适等特点。常见的驼绒品种有美素驼绒、花素驼绒、条子驼绒等。

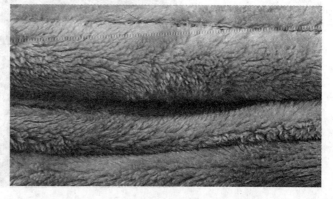

图 1-34　驼绒

5　纯化纤织物

化纤面料因其牢度大、弹性好、挺括、耐磨

耐洗、易保管收藏等优点而受到人们的喜爱。化学纤维可根据不同的需要，加工成一定的长度，并按不同的工艺织成仿丝（如图 1-35（a）所示）、仿棉（如图 1-35（b）所示）、仿麻、弹力仿毛、中长仿毛等织物。

（a）仿丝　　　　　　　　　　　　　　　　（b）仿棉

图 1-35　纯化纤织物

6 其他服装面料

（1）针织服装面料

针织服装面料是由一根或若干根纱线连续地沿着纬向或经向弯曲成圈，并相互串套而成的，如图 1-36 所示。

图 1-36　针织服装面料

（2）裘皮

裘皮是带有毛的皮革（如图 1-37 所示），一般用于制作大衣外套及冬季防寒靴、鞋的鞋里或鞋口装饰。

图 1-37　裘皮

（3）皮革

皮革指各种经过鞣制加工的动物皮，如图 1-38 所示。鞣制的目的是为了防止皮变质。

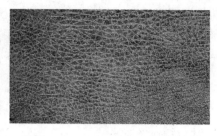

图 1-38　皮革

（4）新型面料及特种面料

新型面料及特种面料有蜡染（如图 1-39 所示）、扎染、太空棉（如图 1-40 所示）等。

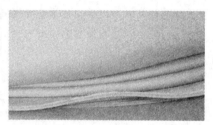

图 1-39　蜡染　　　　　　　图 1-40　太空棉

7 服装面料分类案板

服装面料分类案板如表 1-5 所示。

表 1-5　服装面料分类案板

面料分类案板		
	面料特点：穿着舒适而经久不衰，而且它吸湿、透气、手感柔软，保暖实用，经济实惠，缝制简单	
纯棉织物/编号	面料用途：内衣、衬衫、床单等生活用品	
	面料特点：布面紧密平整，匀净光洁，经漂白或染色后可制作各种服装	
苎麻织物/编号	面料用途：苎麻服装穿着舒爽、透气出汗，是理想的夏季面料	
	面料特点：采用天然蚕丝纤维织成的织物，具有光泽柔和、质地柔软、手感滑爽、穿着舒适、有弹性等特点	
真丝绸/编号	面料用途：夏季高档服装面料	
	面料特点：具有弹性好、抗皱、挺括、耐穿耐磨、保暖性强、舒适美观、色泽纯正等优点	
毛型织物/编号	面料用途：冬季高档服装面料	

任务拓展

在本任务中，相信你对面料的分类和特点有了一定的了解，但面料分类的知识非常多，需要你通过整理归纳，把知识理清。现你需要在面料市场上寻找不同类型的面料，然后分析所找的面料属于什么种类面料，有什么特点，适合制作什么类型的服装，并制作成服装面料分类案板。

任务 1.3 感知服装面料的艺术风格

【任务情境】　　经过了一段时间的工作，你已经对面料的知识越来越熟悉。作为设计助理的你，掌握了面料的基本知识后，应学会将面料知识运用到设计中。上司希望你通过分析面料的特性和风格，合理判断出服装面料的艺术风格，为将来助理的工作打下更好的基础。

【任务目标】
- 了解服装的主要风格；
- 了解服装面料的主要风格；
- 合理归纳汇总服装面料的艺术风格。

【任务关键词】　服装风格　面料艺术风格　面料艺术风格分析表

【任务解析】　　服装造型是依靠材料支持的，服装材料不仅应完成造型，若在造型时能把材料的性能风格与款式的需要完全统一，是达到服装完美效果的保证之一。因此，本次任务你要掌握各种面料本身的艺术风格，并且学会根据服装的风格进行面料搭配。

【任务思路】　　认识服装风格—认识服装面料风格—学习服装款式与面料搭配—制作面料艺术风格分析表

理论与方法

我们从广泛的角度可将服装常见风格分为经典风格、前卫风格、运动风格、休闲风格、优雅风格五种。

1 经典风格

经典风格端庄大方，具有传统服装的特点，是指相对比较成熟的、能被大多数女性接受的、讲究穿着品质的服装风格。经典风格比较保守，不受流行趋势左右，追求严谨而高雅，文静而含蓄，是以高度和谐为主要特征的一种服饰风格。正统的西式套装是经典风格的典型代表。

服装轮廓多为 X 形和 Y 形，A 形也经常使用，而 O 形和 H 形则相对较少。色彩多以藏蓝、酒红、墨绿、宝石蓝、紫色等沉静高雅的古典色为主。面料多选用传统的精纺面料，花色以彩色单色面料和传统的条纹和格子面料居多。

经典风格服装如图 1-41 所示。

图 1-41   经典风格服装

2 前卫风格

前卫风格受波普艺术、抽象派别艺术等影响，造型特征以怪异为主线，富于幻想，运用具有超前流行的设计元素，线形变化较大，强调对比因素，局部夸张，零部件形状和位置较少固定，追求一种标新立异、反叛刺激的形象，是个性较强的服装风格。

前卫风格的服装多使用奇特新颖、时髦刺激的面料，如各种真皮、仿皮、牛仔、上光涂层面料等，而且不太受色彩的限制。

前卫风格服装如图 1-42 所示。

图 1-42   前卫风格服装

3 运动风格

运动风格是指充满活力、穿着面积较广且具有都市气息的服装风格，会较多运用块面与条状分割及拉链、商标等装饰。面料造型多使用拼接形式而且相对规整，点造型使用较少，偶尔以少量装饰如小面积图案、商标形式体现，运动风格服装中的体造型多表现为配饰，如包、袋等。

轮廓多以 H 形、O 形居多，自然宽松，便于活动。面料多用棉、针织或棉与针织的组合搭配等可以突出机能性的材料。色彩比较鲜明，白色以及各种不同明度的红色、黄色、蓝色等在运动风格的服装中经常出现。

运动风格服装如图 1-43 所示。

图 1-43　运动风格服装

4 休闲风格

休闲风格服装以穿着与视觉上的轻松、随意、舒适为主，年龄层跨度较大，适应多个阶层日常穿着。在设计休闲风格服装时点造型和线造型的表现形式很多，面造型多重叠交错使用以表现一种层次感，体造型多以零部件的形式表现。

面料多为天然面料，如棉、麻等。经常强调面料的肌理效果或者面料经过涂层、亚光处理后色彩比较明朗单纯，具有流行特征。

休闲风格服装如图 1-44 所示。

5 优雅风格

优雅风格是指具有较强女性特征，兼具有时尚感的、较成熟的，外观与品质较华丽的服装风格。优雅风格服装讲究细部设计，强调精致感觉，装饰比较女性化，外形线较多顺应女性身体的自然曲线，表现出成熟女性那种脱俗考究、优雅稳重的气质风范，色彩多为柔和的灰色调。

优雅风格服装如图 1-45 所示。

图 1-44　休闲风格服装

图 1-45　优雅风格服装

实践与操作

1 服装面料风格的辨别

辨别面料风格的类型，靠的是面料纱线织造肌理、色彩、纹样三方面因素的组合，并从视觉和触觉上得到一种感受，进而引发记忆中与服装风格有共通性的联想。有时也会引发对其他文化风格的联想。将联想归类，就会发现面料的风格与服装风格有着极为相似的风格类别和特征。

（1）经典风格

1）肌理。选用天然纤维原料的精纺特细精梳纱，如羊毛、丝绸等，多用平纹和缎纹织造而成，因而从视觉和触觉上能感觉到其肌理的细腻和光滑。

2）色彩。选用服装在各种场所常用的、不过时的色彩，又称为经典色，如黑色、灰色、白色、米色、褐色、深海蓝色等，并以单色或双色的色织工艺居多。

　　3）纹样。选用色织工艺织造出各种细条纹或细格的几何图案，如细条纹、细格纹，以及变形格，如千鸟格、犬齿纹等。

　　经典风格面料如图1-46所示。

图1-46　经典风格面料

　　（2）古典风格

　　1）肌理。其一，选用经典风格的原料和织造工艺，使面料产生细腻、光滑肌理。其二，选用毛、丝、棉、麻天然纤维原料，粗纺纱工艺使纱线略有粗细不均，但采用精良的平纹或斜纹织造（俗称粗纺精作），使面料产生较含蓄的凹凸起伏的肌理，达到仿古物的外观。

　　2）色彩。提取古典油画中的色彩与经典色彩进行交互应用，如绛红色、灰绿色、白色、米黄色、褐色、深蓝色等。

图1-47　古典风格面料

　　3）纹样。选用多种色织提花工艺织造各种古典纹样，它们大部分参照古典建筑纹样、古典绘画中服装的纹样、古典家具纹样和古典生活用品上的纹样，如各种形式的卷草纹、花卉和细条纹几何图案等。

　　古典风格面料如图1-47所示。

　　（3）民族风格

　　1）肌理。选用天然纤维原料的毛、棉、麻等粗纺纱，采用粗纺平纹织造。面料能产生较明显的凹凸起伏的不平整手工织造的肌理效果。

　　2）色彩。参照各国不同民族服装的色彩，选用纯度和对比度较高的色彩。一般参照的民族色彩与其图案相一致。

3）纹样。选用多色交织提花工艺织造或仿提花的印花工艺，直接选用民族纹样，或部分参照典型的民族纹样进行变化，如波斯纹等。图案的选择与色彩有着同样的密切关系，如选用印度的纹样，色彩也应与纹样相一致。

民族风格面料如图 1-48 所示。

图 1-48   民族风格面料

（4）田园风格

1）肌理。选用天然纤维原料的棉、麻等粗纺纱，面料的肌理效果与民族风格较为相似，以平纹模仿手工织造的外观。

2）色彩。以田园风光的色彩为主导，如各种有阳光感的较高明度的红色、褐色、黄色、绿色、蓝色等。

3）纹样。选用多色印染工艺进行染色和印花，纹样大部分选取大自然的无名灌木和野花野草，如雏菊、四叶草、狗尾巴草等。用写实的绘画技法来表现，也可以采用朴实单纯的小格纹来表现。

田园风格面料如图 1-49 所示。

图 1-49   田园风格面料

（5）休闲风格

1）肌理。选用天然纤维原料的毛、棉、麻等粗纺纱，面料的肌理效果与民族风格较为相似。有时，也会采用更为稚拙的肌理。

2）色彩。以各种低纯度的自然土石色为主，如各种深浅的褐色、土红色、砖色、青石色等。

3）纹样。通过印染工艺进行染色和印花，纹样大部分用写意技法模仿大自然的自然纹理，如石头纹理、树木纹理；也选用各种大小变化的几何条格，以及无名树木和野花野草。

休闲风格面料如图1-50所示。

图1-50 休闲风格面料

（6）儿童风格

1）肌理。选用棉、毛为主的天然纤维。外观肌理细腻，手感柔软。婴幼儿服装面料的肌理多起绒，以保护婴幼儿的皮肤。

2）色彩。为符合儿童对色彩的辨别能力，选择较高的色彩明度和彩度。鲜亮的色彩使得面料外观生动活泼。宜选择粉彩色系，如浅粉红、粉蓝、粉黄或粉绿。

3）纹样。儿童面料的纹样大都选择儿童感兴趣的事物来表现，如卡通小动物、糖果、水果、气球等，并以简化结构、突出特征的形式来表现，更多地模仿儿童画的表现手法，使得儿童易于辨认，引起他们的注意和喜欢。

儿童风格面料如图1-51所示。

（7）嬉皮风格

1）肌理。选用天然纤维的粗纺纱，也可选用人造纤维的花式纱和变形纱，外观肌理别致夸张，丰富多变，时尚感强。

图1-51 儿童风格面料

2）色彩。以现代艺术的色彩为主，如各种现代绘画，现代设计中纯的、跳跃的和具有情感联想的色组。

3）纹样。选用多色印染工艺进行染色和印花，纹样大部分借鉴现代绘画中的间接概括造型和不规则几何形或丑相形，有时结合传统和古典纹样，形成一种形态上的矛盾和幽默感。一般用较为写意的技法表现。

嬉皮风格面料如图 1-52 所示。

图 1-52　嬉皮风格面料

（8）新艺术风格

1）肌理。选用天然纤维和人造纤维的多种花式纱和变形纱模仿现代艺术品和现代新工艺材料的肌理，变化丰富别致，时尚感强。

2）色彩。提取现代绘画、现代设计的色组，如波普艺术的色彩渐变的色系；也提取历史经典艺术和建筑中被沉淀流传下来的经典色组，如百年大教堂稳重的大理石色组等。

3）纹样。选用的纹样大部分与提取色彩的对象相一致。如波普的几何图案、新工艺产生的各种不同形状和大小的肌理纹样；经过解构重组变化和概括其形，保存其神似的效果。

新艺术风格面料如图 1-53 所示。

图 1-53　新艺术风格面料

2 面料艺术风格分析案例

面料艺术风格分析案例如表1-6所示。

表1-6　面料艺术风格分析表

品牌：	××××	季度：	2013春夏款	款号	××××

服装款式：

面料艺术风格分析

1）外观特征：其中一套是宽松连衣裙，腰间加皮带呈现收腰效果；另一套是针织长款上衣，搭配黑色紧身裤。两款均属于经典风格中的休闲款式

2）肌理：选用天然纤维原料的精纺特细精梳纱。从视觉和触觉上能感觉到其肌理的细腻和光滑

3）色彩：选用经典色彩——黑白

4）纹样：选用色织工艺织造出各种细条纹或细格的几何图案，如条纹与波点

任务拓展

经过对面料艺术风格的学习与整理，你已经具备一定的设计助理能力。上司要求你对服装款式进行面料搭配，请选择以下其中一种系列进行面料搭配，并制作出面料艺术风格分析表。

A系列面料，如图1-54所示；B系列面料，如图1-55所示。

款式1　　款式2　　款式3　　款式4　　款式5　　款式6

图1-54　A系列面料

款式 7　　款式 8　　　款式 9　　款式 10　　款式 11　　款式 12

图 1-55　B 系列面料

项目 2 勾绘甄别辨真伪
——走进服装检测中心

项目简介 ☞

　　本项目借助模拟服装检测中心的工作情境，以情境切换、任务流转的方式，紧密联系服装面料知识的具体应用。通过任务的安排，要求学生基于检测中心的工作情境，完成相应的情境任务。在情境中学习面料的相关知识。

　　随着人类的进步和社会的发展，人们对纺织品的要求不再仅是简单的功能性，而是更加注重其是否安全卫生、绿色环保、天然生态。在崇尚自然、倡导绿色消费的今天，纺织品的安全性问题越来越引起人们的关注和重视，纺织品对人体是否存在危害已成为人们除药品安全和食品安全又一重点关注的焦点。

　　为了进一步了解服装面料，我们模拟检测中心的工作情境（如图 2-1 所示），尝试走进服装检测中心，通过检测，掌握纺织面料的纤维、纱线、织物结构等面料知识。

图 2-1　纺织检测中心工作环境

┃ 项目导入

纺织检测中心的简介

中山市中纺联纺织品检测有限公司
ZHONGSHAN TEXTILE ASSOCIATION TEXTILE MONITORING LINKED COMPANY

中国纺织科学研究院深圳测试中心中山工作站
CHINESE TEXTILE SCIENCE AND RESEARCH INSTITUTE SHENZHEN TESTING CENTER ZHONGSHAN STATION

在中山市沙溪理工学校及中山市休闲服装工程研究开发中心的领导和筹划下，在中国纺织科学院深圳测试中心的大力支持与帮助下，中山市中纺联纺织品检测有限公司于 2010 年 5 月 14 日建成。该公司位于中山市沙溪理工学校教学服务大楼二区 6 楼，实验室面积 900m²，配套设施齐全，室内环境良好。实验室配备了国内外先进的检测仪器设备，检测人员全部由中国纺织科学研究院深圳测试中心进行理论、技术、管理培训，并取得上岗合格证。公司经过仪器设备的调试检测、人员的培训、检测能力的比对等运行准备，现在已经具备纺织品物理、染化、安全性能等项目的检测能力，能为当地的纺织服装产业提供检测与技术服务等支持。检测中心在运行的同时还承担实践教学工作，中心的教师全部是专业技术员，经过教师培训和外出技术培训，懂理论，懂技术，能教学。近一年来，通过中心主导理论加实践的教学方式，切实实践了学校产学研结合的办学模式，让学生不出校门口就能学到扎实的技能，感受到公司化的管理，学到最新、最实用的技术。

纺织面料检测分为以下这些项目：颜色坚牢度、缩水程度测试，纤维鉴别成分，可燃性性能评估，安全及生态测试，加速老化耐候测试，布料组织强度测试，纤维及纱线布料品质测试，布料纺织品环保测试。

任务 2.1 识 别 纤 维

【任务情境】　　假如你是某服装检测中心新聘任的检测专员。初来乍到，你需要对服装检测中心的所有实验室有基本的认知。此外，上司要求你进入纤维纱线实验室实习，尽快熟悉面料纤维的基础知识，完成服装用纤维的性能分析并进行分类归纳，为日后面料检测分析打好基础。

【任务目标】
- 了解服装检测中心的各个实验室和配备的相关仪器设备；
- 掌握纤维的常见分类和特征；
- 熟悉服装用纤维性能分析的内容，能够进行基础服装用纤维比照。

【任务关键词】　　熟悉实验室　纤维类型　纤维特征　纤维性能

【任务解析】　　本次任务主要针对实验室检测部新人熟悉业务基础理论而设置的。任务要求先熟悉实验室的基本情况，了解各个实验室和相关设备，并通过纤维纱线实验室的实习，熟悉服装用面料纤维的种类、特征及性能，为以后检测部的面料检测工作打下良好的基础。

【任务思路】　　熟悉环境—了解实验室和设备—基础面料纤维调研—纤维观察与实验—总结提炼—纤维性能对照

理论与方法

服装检测中心各主要功能室及其功能介绍如下。

1）化学室。化学室主要承担中心的化学实验任务，进行服装、面料、纱线的含量实验。化学室配备了烘箱、精密天平、恒温振荡器、过滤装置等主要实验设备。

2）恒温/恒湿室。服装检测中心严格按照国家标准规定，配备了恒温/恒湿装置，并通过温度传感器控制。实验室温度常年为 21℃，湿度为 65%，从而保证实验环境符合标准要求，实验结果不受温度、湿度影响。

3）纤维纱线室。纤维纱线室主要配备了纤维细度仪、镜数仪及常规显微镜。

通过显微镜看、酒精灯烧，观察燃烧现象及化学溶解程度，以此来对服装面料中的纤维种类进行辨别，并得出结论。

4）日晒室。在日晒室中将服装面料按照标准要求取样放在日晒仪中照射，模拟阳光照射服装，观察服装面料在日常晾晒过程中颜色发生变化的过程，然后由专业人员到标准评级室进行变色程度的判定，最后根据国家标准规定判断是否符合相关标准要求。

5）常规物理室。常规物理室配备了纺织品沾水度测定仪、纺织品毛细管效应测定仪和平板压烫及升华色牢度仪。

6）标准评级室。标准评级室的功能主要是运用标准光源箱，在国家标准规定的不同光源照射下，对前期实验的试样进行程序化评级。

7）水洗房。在水洗房中主要进行的项目有耐水洗色牢度、耐摩擦色牢度、耐汗渍色牢度和对婴幼儿服装耐唾液色牢度测定的前期实验和服装面料缩水率项目等的试验。

8）生态实验室。生态实验室的主要工作是针对服装面料中偶氮染料、甲醛、pH 项目的测试。

9）办公室。办公室主要负责接收客户的测试样品、填写委托申请单、解释测试报告的有关数据和解答客户的相关疑问，此外还负责实验室内部文件和标准化文件的存放与管理。

服装检测中心实景如图 2-2 所示。

图 2-2 服装检测中心实景

实践与操作

纤维是服装材料中的基本原料。服装用的纱线、织物、衬垫和絮填材料等多由纤维制成。纤维的类别及其含量是影响服装外观、内在品质、保养要求的主要因素。

如何充分了解、利用和发挥纤维的特性，如何掌握纤维的种类、特征和性能，是服装设计、制造、使用、保养等环节的关键，也是面料检测员精确检测和鉴定服装材料的主要依据。

1 纤维的分类

纺织用纤维是指又细又长，具有一定强度、韧性和可纺性能的线状材料。通常，按照服用纤维的来源将其分为天然纤维和化学纤维两大类。前者来自于自然界的天然物质，即植物纤维、动物纤维和矿物质纤维；后者则是通过化学方法人工制造而成。根据原料和制造方法的差异,化学纤维可分为人造纤维和合成纤维两大类。纺织纤维的分类如图 2-3 所示。

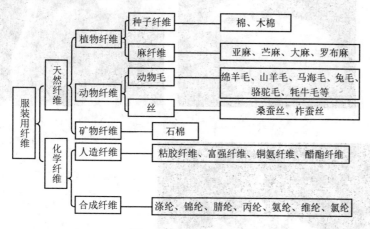

图 2-3 纺织纤维的分类

(1) 天然纤维

天然纤维是从自然界原有的或经人工培植的植物上、人工饲养的动物上直接取得的纺织纤维,是纺织工业的重要材料来源。尽管 20 世纪中叶以来合成纤维产量迅速增长,但是天然纤维在纺织纤维年总产量中仍约占 50%。

自然界存在的天然纤维主要有棉花、麻类、蚕丝和动物毛。其中,棉花和麻类的分子成分主要是纤维素,而蚕丝和毛类的分子成分主要是蛋白质(呈聚酰胺高分子形式存在)。

1) 植物纤维(如图 2-4 所示)。植物纤维的主要组成物质是纤维素,又称为天然纤维素纤维,是从植物的种子、果实、茎、叶等处获得的纤维。根据在植物上成长部位的不同,植物纤维可分为种子纤维和麻纤维。

① 种子纤维——棉(细绒棉、长绒棉)。

② 麻纤维——麻(苎麻、亚麻、大麻、黄麻、剑麻、罗布麻)。

图 2-4 植物纤维

2) 动物纤维(如图 2-5 所示)。动物纤维的主要组成物质是蛋白质,又称为天然蛋白质纤维,分为绒毛和腺分泌物两类。

① 动物毛——毛(羊毛、兔毛、马海毛、羊驼毛、驼毛)。

② 绒(山羊绒、驼绒、牦牛绒)。

③ 腺分泌物——丝(桑蚕丝、柞蚕丝)。

（a）绒毛

（b）腺分泌物——丝

图 2-5　动物纤维

3）矿物纤维。矿物纤维是指以矿物质为原料制成的纤维，主要成分是无机物，又称为天然无机纤维，为无机金属硅酸盐类，如石棉纤维。

（2）化学纤维

1）人造纤维。人造纤维是指以纤维素、蛋白质等天然高分子物质为原料，经化学加工、纺丝等处理而制成的纺织纤维，包括再生纤维素纤维、纤维素酯纤维和再生蛋白质纤维。

① 再生纤维素纤维——粘胶纤维、富强纤维、铜氨纤维等。

② 纤维素酯纤维——醋酯纤维。

③ 再生蛋白质纤维——大豆纤维、花生纤维等。

2）合成纤维。合成纤维是用人工合成的高分子化合物为原料经纺丝加工制成的纤维。

① 普通合成纤维——涤纶、锦纶、腈纶、丙纶、维纶、氯纶等。

② 特种合成纤维——芳纶、氨纶、碳纤维等。

2　纤维形态特征及其影响

影响各种纤维的外观特征、性能和品质的主要因素是纤维的形态结构和化学结构。纤维的形态结构特征，主要指纤维的长度、细度和在显微镜下可观察的横面和纵面形状，以及纤维内部存在的各种缝隙和孔洞等。各种纤维的纵横向形态如下所述。

1）棉。棉纤维纵向表面呈带状扁平形，有天然转曲；横截面呈腰圆形，中间有空腔。棉纤维截面图如图 2-6 所示。

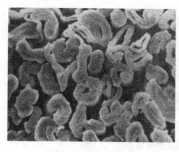 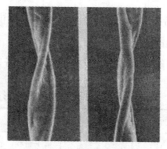

（a）棉纤维横截面　　　　　　　（b）棉纤维纵面

图 2-6　棉纤维截面

2）麻。麻纤维纵向表面有横节和竖纹；苎麻横截面呈腰圆形，有中空腔并有大小不等的裂缝纹，而亚麻的横截面呈多角形。麻纤维截面图如图 2-7 所示。

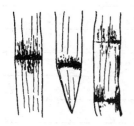  

（a）纵向形态　　　　　（b）苎麻横截面形态　　　　（c）亚麻横截面形态

图 2-7　麻纤维截面

3）毛。毛纤维的纵向表面覆盖鳞片，呈卷曲状；横截面呈大小不等的圆形。毛纤维截面图如图 2-8 所示。

 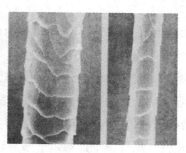

（a）毛纤维横截面　　　　　　　（b）毛纤维纵面

图 2-8　毛纤维截面

4）丝。天然蚕丝纵向表面呈树干状，粗细不匀；横截面呈三角形或半椭圆形。丝纤维截面图如图 2-9 所示。

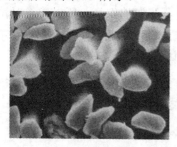 

（a）天然蚕丝横截面　　　　　　（b）天然蚕丝纵面

图 2-9　丝纤维截面

5）化学纤维。化学纤维的纵向表面一般为圆柱体，横截面根据加工方式不同而有所不同。

常见纤维的纵横向形态如表 2-1 所示。

表 2-1 常见纤维的纵横向形态表

纤维名称	横截面形态	纵向表面形态
棉	腰圆形，有中腔	扁平带状，有天然转曲
麻	腰圆形，有中腔及裂缝	有横节，竖纹
毛	圆形或接近于圆形	表面有鳞片
丝	类似于三角形或半椭圆形	表面如树干状，粗细不均
涤纶	圆形及各种异形截面	表面平滑，有的有小黑点
腈纶	圆形、哑铃形或叶形	表面平滑，有沟槽和（或）条纹
锦纶	圆形及各种异形截面	表面平滑，有小黑点
维纶	腰圆形或哑铃形	扁平带状，有沟槽
氯纶	圆形或近似圆形	表面平滑
丙纶	圆形或近似圆形	表面平滑
氨纶	圆形或近似圆形	表面平滑，有的带有疤痕

3 常见天然纤维的性能和特征

（1）棉纤维

1）分类。

① 长绒棉（海岛棉）：纤维细，强力好。

② 细绒棉（陆地棉）：纤维较细。

③ 粗绒棉（亚洲棉和非洲棉）：纤维短粗，手感硬，产量低。

2）外观。棉纤维通常为白色、乳白色或淡黄色，光泽较差，但染色性能良好，可以染成各种颜色。棉质服装穿着时和洗后容易起皱。

3）舒适性。棉纤维细而短，手感柔软，弹性差，具有优良的吸湿性和芯吸效应，能在热天大量吸收人体上的汗水，并散发到织物表面，且不易产生静电。

4）耐用性。棉纤维强度一般，不耐磨，弹性较差，所以不是很耐穿。棉纤维吸湿后强力增加，因此棉织物耐水洗。棉纤维耐碱、耐热，但易受真菌等微生物的损害。

5）易管理性。汗液中的酸性物质也会损坏棉织品，所以应及时洗涤。不宜在 100℃ 以上环境中长时间处理，熨烫温度可达 190℃ 左右，垫干布可提高 20～30℃，垫湿布可提高 40～60℃，喷湿后易于烫平。

6）应用。棉纤维可以混纺、纯纺、交织，可以用来生产各种针织物和机织物，还可以用作絮料，也常作为各类内衣、外衣、袜子和装饰用布等。

（2）麻纤维

1）分类。

① 韧皮纤维：软质纤维，如亚麻、苎麻、大麻等。

② 叶纤维：硬质纤维，如剑麻、蕉麻等。

2）外观。麻纤维粗细不均、截面不规则，纵向有横节纵纹；颜色为象牙色、棕黄和灰色，不易漂白染色，易起皱且不易消失。

3）舒适性。麻纤维吸湿性好，放湿也快，不易产生静电，热传导率大，能迅速摄取皮肤热量向外部散发，穿着凉爽，出汗后不贴身，适于制作夏季服装。

4）耐用性。麻纤维强力约为羊毛的四倍、棉纤维的两倍，吸湿后纤维强力大于干态强力，所以较耐水洗；延伸性差，较脆硬，折叠处容易断裂；耐热性好，不受漂白剂的损伤，不耐酸但较耐碱。

5）易管理性。麻纤维熨烫温度可达 200℃，一般需要加湿熨烫，不宜重压，褶裥处不宜反复熨烫。麻纤维易生霉，应保存在通风干燥处。

6）应用。麻纤维可用于制作套装、衬衫、连衣裙、桌布、餐巾及抽绣工艺品等。

（3）毛纤维

1）分类。由于生产毛纤维的物种、品种、产地和生长部位等的不同，纤维品质有很大的差异。

2）外观。白色、灰色、黑色、奶油色、棕色等。毛纤维分子在染色时能与染料分子结合，染色牢固，色泽鲜艳。

3）舒适性。毛纤维有优良的吸湿性，不易产生静电；有优良的弹性回复性能，保持性好，导热系数小，所以保暖性能好。

4）耐用性。毛纤维虽然强力低于棉纤维，但受力伸长率大、弹性好，因此其耐用性优于其他天然纤维，只有在潮湿状态下，其强度和耐磨性才明显下降。毛纤维耐酸而不耐碱，且耐热性不如棉纤维。毛织物抗污力好，穿着时间较长后不易沾污。

5）易管理性。毛织物不宜机洗，应干洗或用手在较低的温度下轻柔的水洗。毛纤维熨烫温度一般在 160~180℃。毛织物怕虫蛀和真菌，保存时应注意通风和防蛀。

6）应用。毛纤维织造的织物、绒线和各种针织物，适于制作各种内衣和外衣，以及围巾手套等服饰。

（4）蚕丝纤维

1）分类。

① 家蚕丝（桑蚕丝）：有光泽，手感好。

② 野蚕丝（柞蚕丝）：淡黄色，坚牢度、吸湿性、耐热性较好。

2）外观。蚕丝纤维光滑柔软富有光泽，可染成各种鲜艳的色彩。

3）舒适性。蚕丝织物光滑柔软，穿着舒适，夏季凉爽，冬季暖和，摩擦时会产生独有的"丝鸣"。

4）耐用性。蚕丝纤维强度高于羊毛，延伸性高于棉和麻纤维；耐用性一般；耐酸性小于羊毛，耐碱性稍强于羊毛；耐光性差，不宜用含氯漂白剂或洗涤剂处理；耐热性稍优于羊毛。

5）易管理性。蚕丝纤维熨烫温度为 160~180℃，熨烫时要加垫布以防烫黄和水渍污染。蚕丝织物洗涤时加入少量的白醋能改善外观和手感。

4 鉴定与识别纤维

（1）手感目测法

这种方法最为简便，不需要任何仪器设备，但需要鉴定人员有丰富的经验。对服装衣料鉴别时，从衣料上拆下纱线，予以解捻，然后根据纤维形态、色泽、手感、伸长、强度等特征来识别。

天然纤维中的棉、毛、麻纤维长度较短，手感柔软，麻纤维手感粗硬，毛纤维卷曲有弹性，蚕丝长而纤细，有特殊光泽。

化学纤维中的粘胶纤维干、湿态强力差异大；氨纶纤维弹性大，常温下能拉伸五倍以上。利用这些特征可将它们区别开来。但多数化学纤维因外观特征在一定程度上可人为制定，所以无法用手感目测来区别。

（2）燃烧法

燃烧法是指通过对纤维燃烧的速度、气味、火焰大小、灰烬形状等来鉴别纤维成分。常见纺织纤维的燃烧效果、特征如表 2-2 所示。

表 2-2　常见纺织纤维的燃烧效果、特征

纤维名称	接近火焰	在火焰中	离开火焰后	燃烧后残渣形态	燃烧时气味
棉、粘胶纤维	不熔不缩	迅速燃烧	继续燃烧	少量灰白色的灰	烧纸味
麻、富强纤维	不熔不缩	迅速燃烧	继续燃烧	少量灰白色的灰	烧纸味
羊毛、蚕丝	收缩	逐渐燃烧	不易延烧	松脆黑灰	烧毛发臭味
涤纶	收缩、熔融	先熔后燃烧，且有熔液滴下	能延烧	玻璃状黑褐色硬球	特殊芳香味
锦纶	收缩、熔融	先熔后燃烧，且有熔液滴下	能延烧	玻璃状黑褐色硬球	氨臭味
腈纶	收缩、微熔发焦	熔融燃烧，有发光小火花	继续燃烧	松脆黑色硬块	有辣味
维纶	收缩、熔融	燃烧	继续燃烧	松脆黑色硬块	特殊的甜味
丙纶	缓慢收缩	熔融燃烧	继续燃烧	硬黑褐色球	轻微的沥青味
氯纶	收缩	熔融燃烧，有大量黑烟	不能延烧	松脆黑色硬块	有氯化氢臭味

图 2-10　燃烧法示例

常见纤维的燃烧操作方法，如图 2-10 所示。

1）将试样纤维慢慢接近火焰，观察试样在火焰热带中的反应。

2）将试样放入火焰中，观察其燃烧情况。

3）将试样从火焰中取出，观察其延烧情况。

4）闻试样燃烧时产生的气味。

5）观察试样燃烧后的灰烬特征。

（3）显微镜观察法

因为不同的纤维具有不同的外观形态，不同的横断面和纵向形态，所以用普通的生物显微镜就能观察纤维的形态并加以鉴别。这种方法可用于纯纺、混纺和交织产品。但对于合成纤维却只能确定其大类，而无法确定它们的具体品种。随着化纤工业的发展，仿

天然纤维越来越多，仿制得也越来越逼真，达到了可以以假乱真的程度，这将为这种鉴别方法的应用增加难度。

（4）化学溶剂鉴别法

不同的纤维在不同的化学溶剂和在同种化学溶剂不同的浓度下的溶解程度不同。溶解法就是利用纤维在化学溶剂中的溶解性能来鉴别纤维的品种。这种方法适用于各种纤维和各种产品。

鉴别时，对于纯纺织物，只要把一定浓度的溶剂注入盛有待鉴定纤维的试管中，然后观察和仔细区分溶解情况，并仔细记录其溶解温度。对于混纺织物，则需先把织物分解为纤维，然后放在凹面载玻片中，一边用溶液溶解，一边在显微镜下观察两种纤维的溶解情况，以确定纤维种类。

由于溶剂的浓度和温度对纤维溶解性能有较明显的影响，因此，在用溶解法鉴别纤维时，应严格控制溶剂的浓度和温度。

（5）药品着色法

根据不同纤维对某种着色剂的呈色反应不同来鉴别纤维，适用于未染色纤维、纯纺纱线和纯纺纺织物。常用的着色剂有通用和专用两种：通用着色剂是由各种染料混合而成的，可对各种纤维着色，再根据颜色来鉴别纤维；专用着色剂用来鉴别某一类特定纤维。

（6）系统鉴别法

在实际鉴别中，有些材料使用单一方法较难鉴别，需要将几种方法综合运用、综合分析，才能得出正确结论。鉴别程序如下。

① 将未知纤维稍加整理，如果不属于弹性纤维，可采用燃烧法，将纤维初步分为纤维素纤维、蛋白质纤维和合成纤维三大类。

② 纤维素纤维和蛋白质纤维有不同的形态特征，用显微镜就可鉴别。

③ 合成纤维一般采用溶解法鉴别。

任务拓展

经过了一周的适应，作为研究中心检测部新人的你已经对服装用纤维有了一定的认识，也开始对检测部工作有了一定的掌控力。上司要求你完成对纤维的收集、归纳并制表区分各类服装用纤维的类型和性能（拓展化学纤维的知识），强化各类纤维之间的比照，以了解不同纤维的共性和各自的特性。制作服装用纤维对照表一份，格式参考表2-3。

表2-3　服装用纤维对照表

纤维名称	纤维小样	纤维形态图	形态描述	纤维舒适性	耐用性	易管理性
棉						
麻						
毛						
丝						
涤纶						
锦纶						

续表

纤维名称	纤维小样	纤维形态图	形态描述	纤维舒适性	耐用性	易管理性
腈纶						
丙纶						
氨纶						
维纶						
自我评价				主管评价		

任务 2.2 识别纱线

【任务情境】　经过一段时间的学习，你对天然纤维和化学纤维有了基本的了解和一定的鉴别能力。为了更快、更全面地掌握面料检测专员的工作，本周你需要继续在检测中心纤维纱线室熟悉检测专员的岗位要求和职能，学习服装用纱线类型和特性。主管要求你通过对纱线的识别与检测，完成服装用纱线的性能分析，整理归档。

【任务目标】
- 了解面料检测专员的岗位要求和岗位职能；
- 掌握纱线的常见类型、特征；
- 熟悉不同服装用纱线对织物外观和性能的影响。

【任务关键词】　熟悉岗位要求和职能　纱线分类　纱线特征　纱线性能

【任务解析】　学习纱线知识需要以纤维理论为基础，本任务基于任务 2.1，强化学习由纤维加捻纺制而成的纱线知识，包括纱线的类型、纱线的特征及其对织物外观和性能的影响等。主管希望你在整理归档纱线类型和特性的同时，逐步了解纱线的识别与检测，熟悉检测专员的职能。

【任务思路】　熟悉岗位职能—了解工作内容—基础面料纱线调研—纤维观察与实验—总结提炼—纤维性能对照

理论与方法

1 检测专员岗位要求

1）熟悉面料知识，熟悉针、梭等面料的特性，熟悉外在疵点检验标准，了解面料生产工艺。

2）熟悉面料检验标准，熟悉面料的损耗标准以及风险评估，能对面料做出全面评估，如色牢度、甲醛等的检测方法及标准。

3）有良好的沟通能力，对出现问题的面料及时进行处理，能编写面料检验报告。

② 检测专员岗位职能

1）负责按标准进行面料检验，出具检测报告。

2）负责将面料检验结果向上级报告及向客户反馈。

3）负责检验结果的归档，供应商的评估。

4）了解十分制与四分制面料检验标准。

纱线由纤维原料纺制而成，根据纺制的效果，广泛运用于服装的面料、里料、花边、绳带、衬料，以及绣花线、金银线、编结线和缝纫线等。

纱线的品质和外观，很大程度上决定了织物的服用性能和表面特征，并直接影响着服装的外观、性能、品质，以及服装的成本和加工效率等。

③ 甄别纱线的类型及其特征

纱线是纱和线的总称，由纺织纤维经纺纱加工而成，用于织布、制线、制绳、刺绣等。

（1）按原料组成分类

1）纯纺纱线。纯纺纱线是指由一种原料纺成的纱线（如图 2-11 所示），如纯棉、亚麻、毛纱、涤纶纱等。

2）混纺纱线。混纺纱线是指由两种或两种以上不同种类的纤维原料混合纺成的纱线（如图 2-12 所示）。混纺的目的是取长补短，提高纱线性能，如涤棉、毛涤、涤粘等。

3）化纤纱线。化纤纱线是指由单一的化学纤维纺制的纱线，或者由两种（或两种以上）化学纤维所混合纺制的纱线（如图 2-13 所示），如纯涤纶纱线、粘胶纤维与涤纶纤维混纺的纱线等。

图 2-11　纯纺纱线

图 2-12　混纺纱线

图 2-13　化纤纱线

（2）按纤维长短分类

1）短纤维纱线。短纤维纱线是指由短纤维纺纱加工而成的纱线（如图 2-14 所示）。一般结构较疏松，光泽柔和，手感丰满，广泛用于各类棉织物、毛织物、麻织物、绢织物以及天然纤维和化学纤维的混纺、纯纺织物中，大多数缝纫线、针织纱、毛线都属于短纤维纱线。

图 2-14 短纤维纱线

2）长丝纱线。长丝纱线是由一根或数根和长丝加捻或不加捻并合在一起的纱线，一般直接由高聚物溶液喷丝而成（如图 2-15 所示）。长丝纱线具有良好的强度和均匀度，可制成很细的纱线，其外观和手感取决于纤维的光泽、手感和断面形状等特征。

（3）按纱线结构形态分类

1）普通纱线。普通纱线是指具有普通外观的纱线，如单纱、股线、复捻股线、单丝、复丝、复合捻丝等。

2）花式纱线。花式纱线是指具有特殊外观的纱线（如图 2-16 所示），如花式纱线、花色纱线、包心纱线等。

图 2-15 长丝纱线

图 2-16 花式纱线

3）变形纱（变形丝）。变形纱是指利用合成纤维受热塑化变形的特点，经机械和热的变形加工，使伸直的合纤原丝变为有卷曲、螺旋、环圈等外观特征的长丝，如腈纶膨体纱、弹力丝等。

（4）按染色加工分类

1）原色纱。纱线未经染色加工，保持纱线原色。

2）漂白纱（如图 2-17 所示）。纱线经过漂白加工，成为白纱。

3）丝光纱。纱线经过丝光处理，有丝光漂白纱和丝光染色纱。

4）染色纱（如图 2-18 所示）。原纱经过染色加工成为色纱。

5）色纺纱。纤维先经过染色再纺成纱线。

图 2-17 漂白纱

图 2-18 染色纱

（5）按产品用途分类

1）机织用纱。机织用纱是指用于织制机织物的纱线。

2）针织用纱。针织用纱是指用于织制针织物的纱线，要求纱线细度均匀，平整柔软。

3）缝纫线。缝纫线是指用于缝制服装、包装等用的纱线。

4）编织、编结纱。编织、编结纱是指用于编织、编结服装和装饰品等的纱线，如绒线。

5）特种工业用纱。特种工业用纱是指用于工业生产，对性能有特殊要求的纱线，如轮胎帘子线。

6）绳索用纱。绳索用纱是指用于生产绳索的纱线，要求强力高，抗腐蚀性好。

4 纱线的基本性能

（1）捻度和捻向

在纺纱过程中，短纤维经过捻合形成具有一定强度、弹性、手感和光泽的纱线。纱线单位长度上的捻回数称为捻度。棉纱通常以 10 厘米内的捻回数来表示捻度，而精纺毛纱通常以每米内的捻回数来表示捻度。捻度的方向有 Z 捻和 S 捻两种，如图 2-19 所示。加捻后纤维自左上方向右下方倾斜的，称为 S 捻；自右上方向左下方倾斜的，称为 Z 捻。股线捻向的表示方法是：经过一次加捻的股线用两个字母表示，第一个字母表示单纱捻向，第二个字母表示股线捻向；经过两次加捻的股线用三个字母表示，第三个字母表示复捻捻向。

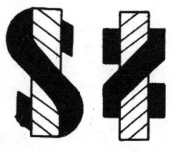

(a) S 捻（顺手）　(b) Z 捻（反手）

图 2-19　捻向示意

股线的捻向："ZS""ZZ""SZ""SS"。

复捻股线的捻向："ZSZ"。

（2）细度

细度是纱线最重要的指标。纱线的粗细影响织物的结构、外观和服用性能，如织物的厚度、刚硬度、覆盖性和耐磨性等。纱线粗细的指标用我国法定计量单位线密度来表示，即单位长度纱线的重量。

5 纱线品质对织物外观和性能的影响

纱线的结构决定纱线的品质，影响织物的外观和性能，并影响服装的外观审美，以及内在的舒适性、耐用性和保养性等。

（1）纱线对面料外观的影响

服装的表面光泽除了受纤维性质、织物组织和后整理加工的影响外，也与纱的结构特征有关。长丝纱织物表面光滑、发亮、均匀。短纤维纱有毛茸，对光线的反射能力随捻度的大小而异。

采用高捻度纱线织成的绒织物表面具有分散且规律不明显的细小颗粒，所以织物表面发光柔和。用光亮的长丝织成的缎纹织物，表面有很亮的光泽。

纱线的捻向也会影响织物外观的光泽，如在平纹织物中，由于经纬纱捻向不同，织物表面反光一致，光泽较好，织物松厚柔软。

（2）纱线对面料舒适性的影响

1）对面料保暖性能的影响。纱线结构特征与服装的保暖性有一定关系。纱线结构决定纤维之间能否形成静止空气层，纱的蓬松性有助于服装保持体温。另一方面，结构松散的纱线又会使空气顺利通过纱线间隙，空气流动加强衣服和身体之间的空气交换，会有凉爽的感觉。

2）对面料冷暖感的影响。纱线的热传导性随纤维原料的特性和纱线结构状态的不同而有差异。纱线的结构和手感应适应服装要求。

3）对面料透气性的影响。

纱线的吸湿性是影响服装舒适性的重要因素，纱线的吸湿性又取决于纤维特性和纱线结构对纤维密度和含气性、吸水性的影响，与纱线的绝热性相似。

长丝纱织成的织物易贴在身上，如果织物的质地又比较紧密，则更会紧贴皮肤，透气性差；短纤维因部分纤维的毛茸伸出织物表面，从而减少了与皮肤的接触，改善了透气性。

（3）纱线对面料耐用性能的影响

纱线的拉伸强度、弹性和耐磨性等与织物和服装的耐用性紧密相关。而纱线的这些品质除了取决于纱线纤维固有的性能外，也受纱线结构的影响。

通常长丝纱的强力和耐磨性优于短纤维纱。混纺纱的强度总比其组分中性能好的那种纤维的纯纺纱强度低。膨体纱的拉伸断裂强度较小。

纱线的结构也影响弹性。如果纤维中的纱可以移动，即使移动量很小，也能使织物具有可变性；反之，如果纤维被紧紧固定在纱线中，那么织物就会板硬。纱线随捻度的减少，拉伸值增加，拉伸恢复性能降低，从而影响服装的外形保持性。

合成纤维长丝织物的服装尺寸比较稳定，延伸性很小。长丝纱的主要缺点是容易钩丝和起球。经改性处理的化纤长丝，毛粒较少。采用中等捻度时，短纤维纱的耐用性最好。

（4）纱线对面料保管性能的影响

纱线的品质也影响服装的保管性能，如捻度较少的纱线防沾污性能比强捻纱线差；由稀松的纱线织成的织物在洗涤过程中容易受机械动作的影响而产生较大的收缩。

纱的捻度小或经纱和纬纱的密度不相平衡，在服装穿着和洗涤过程中也容易造成纱和缝线的滑脱以及织物的变形。

某些对热很敏感的纱线，在洗涤和烘干等热处理过程中，会发生明显的收缩。某些变形纱织成的织物，在服装穿着过程中，膝肘和颈部等处容易发生伸长变形。这种现象是由于纤维本身弹性较小，同时又在熨烫过程中收缩过多所造成的。

实践与操作

通过学习，我们掌握了纱线的原料代号、测试了纱线的基本性能、掌握了纱线性能对织物性能的影响等知识。现在按任务要求，制作表格汇总，如表2-4所示。

表2-4 纱线测试汇总试验表

检测材料	所属类型	试样方法			备注
		细度指标	密度测试	强力测试	
棉					
麻					
毛					

续表

检测材料	所属类型	试样方法			备注
		细度指标	密度测试	强力测试	
丝					
涤纶					
锦纶					
腈纶					
丙纶					
氨纶					
维纶					
自我评价					
主管评价					

任务拓展

在检测中心的工作已经两周了，通过学习，你了解了纺织纤维的分类与检测，并了解到纱线的相关知识。本次任务拓展上司要求你到专门的市场调查服装用缝纫线的性能、价格以及用途，并汇总成调查报告。

任务 2.3　识别织物结构

【任务情境】　　经过了一段时间的培训，你已经对面料检验专员的工作越来越熟悉。上司要求你参与相应面料的检测工作，并在检测工作中，了解服装用织物的分类、组织结构、织物特征及服用性能。请你收集 10～15 个布样，对该布样的织物进行全面的分析描述。

【任务目标】
- 了解检测中心的检验业务流程；
- 了解常见的织物分类、织物组织结构和特征；
- 熟悉织物的服用性能。

【任务关键词】　　检验业务流程　织物分类　织物组织结构　织物服用性能

【任务解析】　　面料检验员需要通过精细的观察，分析所检测面料的具体特征，并能描述该织物的结构和服用性能等内容。优秀的面料检验员能通过检测，向来样检测的企业描述所测布样的综合特征和应用标准。本次任务主要强化检测中心检测专员对织物的观察描述能力和沟通能力，进一步熟悉检验业务流程。

【任务思路】　　　熟悉业务流程—了解工作内容—基础面料织物调研—收集布样—织物观察与实验—总结提炼—织物分析

理论与方法

1 服装面料检验业务流程

服装面料检验业务流程如图 2-20 所示。

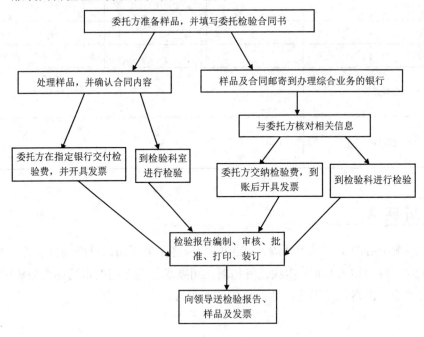

图 2-20　服装面料检验业务流程

2 服装面辅料检测的基本要点

面料检查一般以随机抽样形式进行，从整批来料中，任意挑选一定数量的样本，用视觉审查以决定整批的品质。面料检查包括下列几项基本要点。

1）布匹长度。将准备检查的布卷，逐一放在验布机上，利用米表或码表测量每匹布的长度，然后将所得长度与布卷标签上的长度进行核对，并将测量结果记录在验布报告表上。

2）布匹封度。在查验过程中，随意在每匹布料上量取三个横向长度，并将结果记录在验布报告表上。

3）纱支。由于纱支与重量成正比，所以可以利用天平或电子秤来检定纱线的细度。检查人员首先从批核样板中抽出一个长度的经纱，放在天平的一边，然后从来布中抽出同一长度的经纱，放在天平的另一边。如果天平保持平衡，这表示来布和批核样板的经纱支数是相同的；但如果天平出现不平衡，这便表示两者支数存在差异。检查员可以通过以上办法来检定纬纱的细度。

4）经纬密度。检查人员可以利用放大镜或布镜将布料放大，利用肉眼点算在 1 平方时（1 平方时=6.452 平方厘米）内经纱和纬纱的数目，然后将所得数目与规格和批核样板相比较，便可知道来布的密度是否符合标准。

5）组织结构。与检查经纬密度一样，检查人员可以利用放大镜或布镜，观察布料的平纹、斜纹、缎纹等的组织结构是否正确。

6）重量。检查人员可以利用电子秤称量布料的重量。称量时利用圆形切样器，在每匹布料的不同部位，切出 100 平方厘米的标准面积，然后放在电子秤上，屏幕上显示数据即为该块布料的重量。

7）颜色。检查人员可以利用对色灯箱来检定布料颜色。使用灯箱时须注意，批核样板和货料所用光源必须一致，否则所有颜色比较都是没意义的。

8）疵点。将卷状布料松开后，以一定速度拉过装有照明系统的验布台，以便检查人员能够清楚审察布料上的瑕疵，然后在另一端将滑过验布台的布料重新卷上。

9）布料检定评分法。截至目前，国际上还没有统一的布料检定标准，但西欧和美国等地均有其常用制度以控制处理布料疵点，这两种制度分别为"十分制评法"和"四分制评法"。

很早以前人类和有些动物、昆虫、鸟类就能用一些细小的线条状物穿插缠结或叠压连接构成较大的片块状物，使其具有一定形状和使用功能。最初的纺纱和有序的织造大约始于 6000 年前，人们开始用梭纺制较长的纱线，织成梭织类织物；借助棒、钩、针等牵引纱线穿绕，编成针织类织物；利用碱性物质使动物皮毛产生毡缩，做成无纺织物类的毛毡……经过长期手工作坊式生产的实践、探索和改进，织造工具的功能效率持续提高，纺织原料的选择加工逐步精细，组织结构方式不断创新。而纺织业的快速发展和工业化是随着新型材料、机械制造、机电动力控制等现代工业的发展，在近 100 年内才完成的。如今织造工具、纺织原料、组织结构仍继续朝着新技术、高技术的方向发展着。

③ 织物分类

服装用织物包括面料与里料，是体现服装主题特征的材料。服装用织物的品质与纤维、纱线的结构有关，也与织造、印染、后整理等加工工序有关，并直接影响服装款式造型、加工工艺、成衣质量和成本。

服装用织物按照生产加工的方法可以分为机织物、针织物和非织造织物。

1）机织物。机织物是指以经纬两系统的纱线在织机上按一定的规律相互交织而成的织物，如图 2-21 所示。机织物的主要特点是布面有经向和纬向之分。机织物的主要优点是结构稳定，布面平整，悬垂时一般不出现松弛下垂现象，适

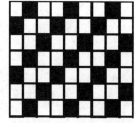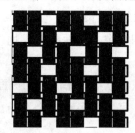

图 2-21　梭织物结构

合各种裁剪方法。机织物适合于各种印染整理方法，一般来讲，其印花与提花图案比针织物、编结物和毡类织物更为精细。

2）针织物。针织物是指用一根或一组纱线为原料，以纬编机或经编机加工形成线圈，再把线圈相互穿套而成的织物。针织物按生产方法可分为纬编针织物（如图 2-22 所示）与经编针织物（如图 2-23 所示）。

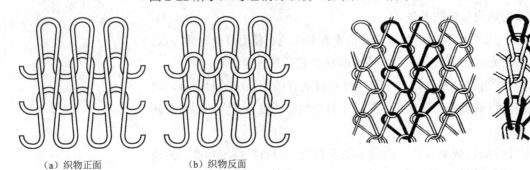

（a）织物正面　　　　　（b）织物反面

图 2-22　纬编针织物组织　　　　　　　　　　图 2-23　经编针织物组织

针织物可以先织成胚布，经裁剪、缝制而成各种针织品；也可以直接织成全成形或部分成形产品。针织物的生产效率高，质地松软，有较大的延伸性和弹性，以及良好的抗皱性和透气性，适宜制作内衣、童装和运动服。在改变结构和提高尺寸稳定性后，同样可以制作外衣，穿着舒适，能适合人体各部位的外形。缺点是容易钩丝，尺寸较难控制。

3）非织造织物。非织造织物不经传统的纺纱、梭织或针织等工艺过程，以纺织纤维为原料，经过粘合、熔合或其他化学、机械方法加工而成。这类织物由于产量高、成本低、使用范围广泛而发展迅速，根据不同的产品特性，在服装上，可用来制作工业和医用服装及一次性卫生服装用品等，并大量用在服装衬料和垫料方面，如非织造织物粘合衬与絮填材料等。

4　织物的分析鉴别

各种织物由于采用不同的原料、不同的织造方法及加工整理方法而获得不同的布面外观特征。因此，在衣料选用和缝制加工过程中应按照下面的方法鉴别判断。

（1）织物正反面鉴别

大部分织物有正反面的区别，要根据其外观效应进行判别。

1）一般织物正面光洁平整，疵点较少，花纹和色泽均比反面清晰美观。

2）凹凸织物正面紧密而细腻，具有凸出的条纹或图案，立体感强，而反面较粗糙且有较长的浮长线。

3）起毛织物中，单面起毛织物以起毛一面为正面；双面起毛织物则以绒毛光洁、整齐的一面为正面。

4）毛巾织物以毛圈密度大的一面为正面。

5）双层、多层及多重织物，当正反面经纬密度不同时，其正面密度较大，且原料也较好。

6）纱罗组织纹路清晰，绞经突出的一面为正面。

7）织物布边光洁整齐，针眼突出的一面为正面。

8）闪光或特殊外观织物，则以突出其风格或绚丽多彩的一面为正面。

9）对某些正反两面效应虽有差异，但各有特色的织物，或正反面无区别的织物统称为双面织物。在衣料选用或缝制加工时可按消费者需要确定。

（2）织物经纬向鉴别

织物经纬向的鉴别在服装行业中十分重要，它不仅影响服装加工和用料，而且是款式设计、造型与色彩的基本保证。判断错误会损害消费者的利益。

用梭织物作为服装面料时，应考虑到其经向强力较纬向大，经向挺直，裁剪时宜沿织物的经向进行处理。而领片、覆肩、袖口、裤脚翻边等部件，为了避免过多地伸长，宜沿织物的纬向裁剪。在悬垂性和折痕效果方面，经纬向也有差异。在服装制作中，常有"布纹"或"丝缕"一说，为了顺直布的纹理线，可沿纬向抽出一根纬纱来进行调整。

经纬向常用的判别方法包括以下几种。

1）与织物布边平行的匹长方向为经向，与织物布边垂直的幅宽方向为纬向。

2）对不同原料的交织物，如棉/毛、棉/麻交织物，以棉纱方向为经向；毛/丝、毛/丝/棉交织物，以丝和面纱方向为经向；丝/人造丝、丝/绢交织物，以丝的方向为经向。

3）对不同经纬密度的交织物，密度大的为经向，密度小的为纬向。

4）对股线或并纱与单纱交织的织物，一般以股线或并纱为经，单纱为纬。

5）毛巾织物则以起毛圈纱的方向为经向。

6）纱罗织物以有绞经的方向为经向。

7）起绒织物一般是经起绒，即绒经的方向为经向。

8）含几种不同纱线的织物，其中花式线、膨体纱、装饰纱等多为纬向纱线。

9）筘痕明显的织物，其筘痕方向为织物经向。

（3）织物原料鉴定分析方法

正确和合理地选配各类织物所用原料，对满足各项用途具有极为重要的意义。确定织物的经纬向后，可以从织物中抽取对应的纱线或纤维，选用合适的方法进行鉴定分析。

1）织物经纬纱原料的定性分析。目的是分析织物纱线的原料组成，即分析织物是纯纺织物、混纺织物，还是交织织物。鉴别纤维首先判断纤维的大类，属于天然纤维素纤维，还是属于天然蛋白质纤维或是化学纤维。常用的鉴别方法有手感法、目测法、燃烧法、显微镜法和化学溶解法等，其具体方法与纤维的鉴别方法相同。

2）混纺织物成分的定量分析。一般采用溶解法，即选用适当的溶剂，使混纺织物中的一种纤维溶解，称取留下的纤维重量，从而得到溶解纤维的重量，然后计算混合百分比。具体方法与混纺纱线含量分析法相同。

（4）织物原料鉴定

1）鉴别方法。织物原料鉴别的方法有手感法、目测法、燃烧法、显微镜法、溶解法、药品着色法以及红外光谱法等。在实际鉴别时，常常需要多种方法配合使用，然后进行综合分析和研究并得出结果。

2）一般的鉴别步骤如下。

① 用燃烧法鉴别出天然纤维和化学纤维。

② 如果是天然纤维，则用显微镜观察法鉴别各类植物纤维和动物纤维。如果是化学纤维，则结合纤维的熔点、比重、折射率、溶解性能等方面的差异逐一区别。

③ 在鉴别混合纤维和混纺纱时，一般可用显微镜观察确认其中含有几种纤维，然后再用适当的方法逐一鉴别。

④ 对于经过染色或整理的纤维，一般先要进行染色剥离或其他适当的预处理，才可能保证鉴别结果可靠。

5 织物的服用性能

织物的服用性能包括基本性能和舒适性能。

（1）基本性能

基本性能主要有织物的断裂强度（包括织物的拉伸断裂强度、撕裂强度和顶裂强度等）和耐磨性能等。拉伸断裂强度反映织物在受外力拉伸时的牢固性，指标包括断裂强度、断裂伸长率、断裂功、断裂比功等。断裂强度表示织物断裂时单位截面积上的负荷。断裂伸长率表示织物在拉伸断裂时的伸长百分比。

织物的撕裂与拉伸断裂不同，拉伸断裂指被拉伸的纱线同时受力，当拉伸到一定程度时各根纱线在较短时间内断裂；撕裂则指织物中的纱线依次逐根断裂。织物的撕裂强度与纱线强度成正比，组织疏松的织物，受力的纱线根数增多，织物的撕裂强度也就增大。当织物中纵向纱线和横向纱线的摩擦阻力大时，两个系统的纱线不易相对滑动，撕裂时纱线受力的根数减少，撕裂强度变小。顶裂强度是衡量织物耐垂直力破坏（顶破）的坚牢程度，如衣服的膝部和肘部，手套的指尖部以及鞋子的头部等的受力情况。

织物的耐磨性能是指织物所具有的抵抗磨损的特性。所谓磨损，是指织物在使用过程中经常受到另一物体对它反复摩擦而逐渐造成的损坏。磨损的类型很多，主要有：①平磨指织物受到往复或回转的平面摩擦，如衣服的袖部、裤子的臀部、袜子的底部等处的磨损状态；②折边磨指织物对折边缘的磨损，如衣服的领口、袖口和裤脚口等折边处的磨损状态；③曲磨指织物在弯曲状态下受到的反复摩擦，如衣服袖子的肘部、裤脚和膝盖部的磨损状态。此外，还有因多种因素造成的动态磨、洗涤时的翻动磨等。织物的耐磨性往往能反映织物的牢度。

（2）舒适性能

舒适性能包括织物的热传递和热绝缘性能、透水汽性、织物风格、刚柔性、悬垂性、起毛起球性能和阻燃性等。舒适性强的棉质织物如图 2-24 所示。

织物的热传递性指单位面积织物在单位时间内透过热量的能力。它取决于原料种类、织物组织结构和织物中的空气层。与热传递性能相反的是热绝缘性（热阻抗），冬季的被服需要有良好的保暖性能，因此要求织物有较高的热绝缘性能；

而夏季服装则要求有较好的热传递性能，使人体多余的热量能够透过服装散发出去。

织物的透水汽性是指气态水透过织物的能力。当织物的一面所受水蒸气压力大于另一面时，水蒸气会透过织物。织物的透水汽性以单位面积、单位时间内透过水蒸气的量来表示。织物是通过纤维传送水蒸气的，即织物与高湿空气接触的一面吸湿，由纤维传递到织物的另一面，并向低湿空气中放湿。织物的透水汽性对人体的舒适度和卫生影响很大。夏天的衣服需要用透水汽性好的织物制作，这样汗液才能及时散发出来，人体便没有闷热的感觉。透水

图2-24　舒适性强的棉质织物

汽性与织物的原料、纱线结构、织物组织结构及其紧度等因素关系密切。组织稀疏或小孔型的织物透水汽性好，宜做夏天衣料。雨衣、滑雪服等服装要求不透水又不发闷，须采用微孔型织物或用传递水汽性能好的纤维织制的织物制作。织物的透气性是指织物所具有的透过空气的性能，主要取决于织物中纱线之间、纤维之间的间隙和纤维截面的形状。织物的经纬紧度越大，织物越紧密，透气性越差。大多数的异形纤维织物比圆截面纤维织物有更好的透气性。

实践与操作

通过学习，我们掌握了如何识别服装所用的织物种类，熟悉了各种织物的特征，认识了机织物、针织物、非织造织物的组织特点，掌握了服装织物结构对服装选材的影响等知识。现在按任务要求，针对任务检测以下几种服装织物的织物结构，如表2-5所示。

表2-5　织物结构检测分析总结

检测材料	所属类型	试样方法			备注
		组织表示形式	交织示意图	服装类型	
机织物					
针织物					

续表

检测材料	所属类型	试样方法			备注
		组织表示形式	交织示意图	服装类型	
非织造织物					
	自检意见				
	主任意见				

任务拓展

作为检测专员的你在检测中心学习已经有一段时间了，通过学习，你了解了纺织纤维的分类与检测，也了解了服装面料的基础知识。本次的任务拓展要求你利用这几周的学习成果，制作一份学习心得，并以展示 PPT 的方式分享学习过程。

项目 3 走马观花探街市
——走进服装辅料市场

项目简介 ☞

　　本项目借助"巴尔曼（Balmain）"品牌案例作为项目导入，模拟高级成衣工作室情境，要求学生基于品牌基础知识和工作室情境，完成相应的情境任务。学生在完成任务的过程中，要学习相应的成衣辅料知识及其特性，学会举一反三，将不同的辅料运用到设计中。

　　服装是一个工程，包括设计和制作，其中制作过程又分为各个环节，最重要的一个环节就是材料选定，材料中又分面料和其他辅料。其他辅料统称为服装辅料，是除面料外装饰服装和扩展服装功能必不可少的元素，如图3-1所示。

　　一套服装设计的好坏，辅料往往起了很大的作用，辅料的合理搭配，可起到画龙点睛、事半功倍的效果；反之，则是画蛇添足。

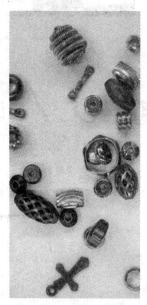

图 3-1 服装辅料

项目导入

皮埃尔·巴尔曼

Dressmaking is the architecture of movement（时装就是行动的建筑）。

巴尔曼（Balmain）品牌由法国时装设计师皮埃尔·巴尔曼（Pierre Balmain）创建。皮埃尔·巴尔曼的名字代表着对典雅独到的理解，意味着皇室和影视明星的委托人，是举世公认的时尚标志。

摩登、性感、街头、带着强烈的摇滚气息，大量使用铆钉、拉链、纽扣等服装辅料是 Christophe Decarnin 任 Balmain 设计总监时为 Balmain 创立的全新风格，他破旧立新的方式近乎于极端，但收效显著。一方面，他以眼下的时代需求为切入点；另一方面，他保留了 Balmain 的经典款式和元素。这时候，"起死回生"比"回光返照"、"咸鱼翻身"等字眼更适合出现在报章的评论中。

Christophe Decarnin 设计的 Balmain 之所以能俘获人心，主要是他定义了全新的"法式风格"，塑造了全新的"法国女人"。这体现在三个方面：首先，做工精细、讲究剪裁的夹克和连身裙，是法式时装的灵魂，也是 Balmain 的经典所在；其次，闪亮的装饰和面料是这个时代最推崇的时髦元素；最后，将高级成衣以街头感的方式搭配穿着，女性的性感与摩登显得更具亲和力。这些完全符合了现代时髦女性的口味，谁还会穿老古董似的高级成衣套装？谁还会把自己的性感放得高高在上、遥不可及？这些都体现在 Christophe Decarnin 为 Balmain 设计的标志性系列中。

任务 3.1 识别服装里料及絮填材料

【任务情境】 假设你现在是某服装品牌旗下一间高级成衣工作室设计部新招的设计助理，现公司接到秋冬季服装产品的研发任务。在实习期内，上司需要你协助设计师完成该产品里料与絮填材料的搭配工作，并制作辅料搭配案板。

【任务目标】
- 了解服装辅料中的里料；
- 了解服装辅料中的絮填材料；
- 制作服装辅料搭配案板（里料及填料）。

【任务关键词】 里料的定义 里料的作用 里料的种类 填料的定义 填料的种类 辅料搭配案板

【任务解析】 由于里料及填料是冬装服装中常用的辅料，上司需要你通过学习里料、填料的定义、种类等相关知识，把知识运用到产品的设计中，制作出辅料搭配案板，为以后设计助理的工作打下良好的基础。

【任务思路】　　　　了解里料、填料的定义—搜集里料、填料资料—总结提炼—课程实践—制作案板

理论与方法

1 服装里料

（1）服装里料的定义

服装里料主要用于提高服装的档次或增加其保暖功能，主要构成服装的里层，如图 3-2 所示。例如，毛呢中山装、西装、丝绵袄、大衣和裘皮服装等一般都有里料。

图 3-2　服装里料

（2）服装里料的作用

服装里料主要有棉（仿棉）布，如本色平布、条格布、绒布及人造棉等；丝绸（仿丝）布，如美丽绸、醋酯绸、尼龙绸、涤纶绸、羽纱、塔夫绸、软缎及无光仿等；针织布。服装配里料主要有以下作用。

1）使服装挺括、饱满，对服装起到支撑作用。

2）保护服装面料，减轻其摩擦和拉伸，提高服装的耐用性。

3）遮盖接缝，提高服装档次，包藏并保护填料。

4）可以加厚服装，起到一定的保暖御寒作用。

5）使服装里层柔软、光滑，穿着舒适，穿脱滑爽方便。

6）改善服装的吸湿性。

（3）服装里料的种类

1）天然纤维里料。纯丝绸的绸类里料质地柔软舒适，缩水率在 5% 左右，是丝棉服装及丝绒类服装的理想里料；真丝电力纺和真丝斜纹绸等材料，适合做中高档服装的夹里；棉织物里料主要有中布、粗布和棉府绸等材料，其性能结实耐磨、保暖舒适，是棉布服装实惠的里料，也适合做滑雪衣、休闲装和童装的夹里。绸类里科和棉织物里料如图 3-3 和图 3-4 所示。

2）纯化学纤维织物里料。人造丝的绸缎类里料光滑柔软，平整舒适，坚牢耐磨，光泽富丽，很受欢迎，是西服、毛皮大衣、呢绒大衣和羽绒服等的理想里

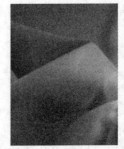

图 3-3 绸类里料   图 3-4 棉织物里料

料。人造纤维里料有纯粘胶丝的美丽绸、人造棉和人造丝软缎等，这种材料缩水率大，吸湿强度低，加工时要充分考虑缩水因素，不宜经常洗。人造丝的仿类里料绸缎面光滑，手感柔软滑爽，色泽柔和，不贴身，主要用作丝绒类服装的里料。人造纤维里料如图 3-5 所示。

图 3-5 人造纤维里料

3）纯合成纤维织物里料。纯合成纤维织造的里料最大的优点是结实耐磨，而且光滑挺括，利于穿脱；缺点是易产生静电，吸湿性和透气性比较差。常见的纯合成纤维有涤丝绸和尼龙绸等，以素色为主，也有小提花或印花产品，主要做羽绒服、夹克衫等服装的里料。纯合成纤维织物里料如图 3-6 所示。

图 3-6 纯合成纤维织物里料

4）混纺、交织里料。混纺、交织里料以不同纤维混纺织成或用不同纤维的纱线交织而成，如图 3-7 所示。例如，以粘胶或醋酯人造丝为经纱，粘胶短纤纱或面纱为纬纱交织而成的羽纱；以人造丝和面纱交织而成的棉纬绫；等等。

图 3-7　混纺、交织里料

2 服装填料

（1）服装填料的定义

服装填料是指在棉衣、滑雪衣和羽绒衣等服装的面料与里料中间起填充作用的材料。填料的主要作用是御寒保暖，是冬季服装的主要防寒材料。另外，填料作为衬里，可增加绣花或绢花图案的立体感，起到装饰作用。加入填料的服装或织物如图 3-8 所示。

图 3-8　加入填料的服装或织物

（2）服装填料的分类

服装用填料包括絮类填料、材料类填料和特殊功能类填料三大类。

1）絮类填料。服装用絮类填料一般是未经纺织加工的纤维、绒毛或羽毛等絮状材料，它们松散且没有固定的形状，填充后要用手绗或缝纫机大针迹绗，主要品种包括棉絮、丝棉和羽绒等。

① 棉絮。棉絮（如图 3-9 所示）保暖、价廉，穿久以后容易结块，遇水后变硬，主要用于做棉衣、棉裤、棉被、棉大衣和棉坐垫等。

② 丝绵。丝绵（如图 3-10 所示）是用桑蚕丝或在蚕茧表面剥取的乱丝整理而成的絮类填料，价格比较贵，但丝绵比重轻、纤维长、弹性好、质量比棉絮好，而且更加保暖和柔软，适合做绸缎棉袄的填充料。

③ 羽绒。羽绒（如图 3-11 所示）是以鸭、鹅、鸡或其他鸟类身上的短羽绒

为原料，经过漂洗、整理加工而成的一种保暖性能很好的填料。特点是质轻保暖，主要用于做羽绒服、鸭绒被等。常用的羽绒有鸭绒、鹅绒和鸡绒等。

图3-9　棉絮　　　　　　　图3-10　丝棉　　　　　　　图3-11　羽绒

2）材料类填料。材料类填料（如图3-12所示）由纤维织制加工成絮片状材料组成。它们松软，有固定均匀的片状形态，可根据需要与面料同时剪裁和缝制，使用方便简单，最大的优点是可以整件放入洗衣机中洗涤。常用的材料类填料有以下几种。

图3-12　材料类填料

① 泡沫塑料片。泡沫塑料片成分为聚氨酯，外观似海绵，疏松多孔，柔软有弹性，保暖而且不闷气，压而不实，易洗快干。但长时间使用或日光照射后，韧性和弹性会逐渐降低。泡沫塑料片主要用于做衣服、袖口和衣边的填料。

② 喷胶化纤棉。喷胶化纤棉是以涤纶、腈纶和维纶为原料经过喷胶成网制成的蓬松轻柔、有良好弹性且有各种厚度的定型絮片填料。喷胶化纤棉保暖性好，方便使用，可按服装的需要裁剪成形，制作简单。

③ 无胶耐洗棉。无胶耐洗棉是采用具有世界先进水平的生产工艺并使用进口的特种纤维无胶粘结而成。无胶耐洗棉手感柔滑，耐水洗，耐老化不霉变，是替代喷胶棉和羽绒的最佳保暖材料。

④ 气囊型太阳绒复合保暖絮片。气囊型太阳绒复合保暖絮片的主体材料是动物纤维或化学纤维，是将充分绒化的纤维植入两层或两层以上的高分子膜之间，形成相对静止的空间而转化为气囊。因为有众多闭合微孔分布在气囊层的表面，因此能及时调节衣服内的温度，且具有适度的透气性、良好的蓬松柔软

性和高度的回弹性。其性能轻薄柔软，舒适保暖，是冬季棉衣、棉裤较理想的填料。

　　3）特殊功能类填料。在织物中填充具有特殊功能的填料，可使织物具备一些特殊的功能，如图 3-13 所示的具有保健功能的被子。在普通填料中以一定的工艺方式加入中药成分或红外陶瓷粉等物质，能使织物具有保健功能。例如，将循环水或饱和碳化氢放在织物夹层中，或者在织物上复合镀铝薄膜，可以达到防御热辐射的作用；在潜水员服装的夹层内使用电热丝，可使人体保温；用水与乙醇的混合物制成冷却剂作填料，制成的服装可使人体降温。此外，人们在研究宇航服材料时，还发现使用消耗性热材料作为服装的填充材料，在受热辐射时，可使特殊材料升华，进行吸热反应。如今，功能服装在逐渐发展，越来越多的服装新型功能填料也在不断地涌现。

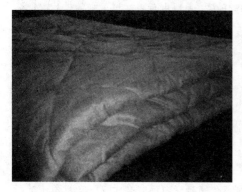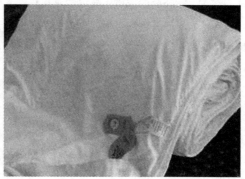

图 3-13　保健功能被子

实践与操作

　　服装辅料搭配案板如表 3-1 所示。

表 3-1　服装辅料搭配案板（里料及填料）

款式编号：#112		设计者：张××	设计日期：××××年××月××日
设计图	辅料搭配与说明		款式的厚度较薄，且面料有压菱形纹的工艺处理，因此填料选用气囊型太阳绒复合保暖絮片比较适合；因款式为运动夹克，衣下摆装罗纹；里料需要上全里并封死里；里布选用纯棉白色质料
	新搭配方案		面料：由于服装风格偏运动，面料上尝试选用针织面料；辅料：①袖口、下摆选用荧光色彩罗纹；②门襟改用拉链；③口袋纽扣改用塑料纽扣
备注：			

任务拓展

　　请调研你所喜欢的品牌今年秋冬季产品发布会的新品，选择五个你喜欢的款式，并为该款式进行新的面料、里料、填料的搭配设计，并制作成服装辅料搭配案板。

任务 3.2　识别服装衬垫材料

【任务情境】　你在上一阶段中按照上司的要求完成了工作任务，表现出色。在接下来的工作里，公司接到了礼服产品研发订单，上司需要你协助设计师完成该产品的辅料搭配工作，并制作辅料搭配案板。

【任务目标】
- 了解服装辅料中的垫料种类；
- 了解服装辅料中各种垫料的作用；
- 制作服装辅料搭配案板（垫料）。

【任务关键词】　垫料的定义　垫料的种类　辅料搭配案板

【任务解析】　由于垫料是冬季服装中常用的辅料，上司需要你通过学习垫料的定义、种类等相关知识，把知识运用到产品的设计中，制作辅料搭配案板，为以后设计助理的工作打下良好的基础。

【任务思路】　了解垫料定义—搜集垫料相关资料—总结提炼—课程实践—制作案板

理论与方法

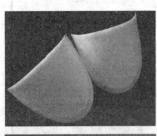

图 3-14　服装垫料

1 服装垫料定义

　　服装垫料是指为了保证服装造型要求、修饰人体外形而制作的垫物，如图 3-14 所示。在服装的特定部位，利用制成的用于支撑或铺衬的物品，使该特定部位能按设计要求加高、加厚、平整或修饰等，使服装穿着达到合体、挺拔、美观等效果。

2 服装垫料的种类

（1）按使用材料分类

　　服装垫料按使用材料可以分为棉布垫、海面垫、针刺垫等，如图 3-15 所示。

　　1）棉布垫。棉布垫具有耐洗、耐热性好、尺寸稳定等优点，多用于高档西服。

　　2）海绵垫。海绵垫的弹性好，制作方便，价格较低，但耐水洗性差，

图 3-15　各种服装材料垫料

一般外包纱布。

3）针刺垫。针刺垫以棉絮、涤纶絮片或复合絮片为主要原料，覆以黑炭衬或其他衬料，用针刺的方法复合而成，属于高档垫。其耐洗和耐热压烫性能好，尺寸稳定，经久耐用，价格适中，多用于高档西服、制服、大衣等。

（2）按使用部位分类

服装垫料按使用部位可以分为肩垫、胸垫、领垫、臀垫等，如图 3-16 所示。

1）肩垫。肩垫可使服装造型挺拔、美观，已作为改善服装造型的重要垫料而广泛应用。肩垫的品种规格很多，按其材料和生产工艺可分为针刺肩垫、定型肩垫、海绵肩垫三大类。

2）胸垫。胸垫可使服装挺括、丰满、造型美观，保持性好，主要用于女士内衣、西装、大衣等服装的前胸部位。

3）领垫。领垫又称领底呢，可使服装衣领平展、服帖、定型，保持性好，主要用于高档西服、大衣、军警服装及其他行业制服。

4）臀垫。臀垫可伸服装挺括、丰满、造型美观，保持性好，主要用于内衣臀部部位。

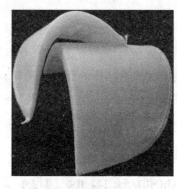
（a）肩垫

（b）胸垫

（c）领垫

（d）臀垫

图 3-16　按使用部位划分服装垫料

实践与操作

通过学习，我们对服装垫料的种类及作用有了一定的了解，现以运用最广的肩垫选配作为垫料选配的实际运用案例，根据不同的服装款式对肩垫的要求不同，综合考虑服装造型、服装种类、个人体形、服装流行趋势等因素，对肩垫的形状与厚薄进行选择，以达到服装造型的最佳效果，如图 3-17 所示。

(a) 普通型肩垫　　　　　　(b) 加高型肩垫　　　　　　(c) 装饰型肩垫

图3-17　肩垫选配

任务拓展

调研你所喜欢的礼服品牌今年第一季度推出的新品，选择五个你喜欢的款式，为该款式进行新的面料、里料、填料、垫料的搭配设计，并制作成服装辅料搭配案板。

任务 *3.3* 识别服装固紧材料

【任务情境】　　辅料的种类很多，只了解里料、填料、垫料是不够的，作为一名设计助理，应该具有较全面的辅料知识。在接下来的工作里，公司接到了休闲服装产品研发订单，上司需要你协助设计师完成该产品的辅料搭配工作，并制作辅料搭配案板。

【任务目标】　　● 了解服装固紧材料的种类；

　　　　　　　　● 了解服装固紧材料的作用；

　　　　　　　　● 制作服装辅料搭配案板（固紧材料）。

【任务关键词】　固紧材料的定义　固紧材料的种类　固紧材料的选用　辅料搭配案板

【任务解析】　　由于固紧材料是冬装服装中常用的辅料，上司需要你通过学习固紧材料的定义、种类等相关知识，把知识运用到产品的设计中，制作辅料搭配案板，为以后设计助理的工作打下良好的基础。

【任务思路】　　了解固紧材料—搜集相关资料—总结提炼—课程实践—制作案板

理论与方法

1 固紧材料的定义

固紧材料包括纽扣、钩、环、拉链、搭扣等，如图 3-18 所示。这些材料在服装上起连接、组合和装饰的作用。如果能选择到合适的纽扣和拉链，无论是对于服装的本身，还是穿着者来说，都能起到良好的装饰作用。装饰得当的纽扣或拉链等固紧材料，不仅增加了服装的美感，也在一定程度上提高了服装的价值。

图 3-18　固紧材料

2 纽扣的分类

纽扣的种类、式样和规格繁多，制作材料也很多。在选择纽扣类材料时，既要考虑纽扣的大小、颜色、质地和图案，还要考虑纽扣的质量、位置、疏密、造型特点以及运用到具体服装上的使用功能和美学效果。

（1）金属纽扣

金属纽扣质地坚硬，可制造成多种形状并进行局部造型，且具有金属的光泽，如图 3-19 所示。

（2）天然材料纽扣

图 3-19　金属纽扣

天然材料纽扣大都耐高温，具有天然的光泽和纹理，朴素自然，质地坚硬，经济实惠，外观较粗糙，与塑料类纽扣的高光泽感形成鲜明对比，如图 3-20 所示。

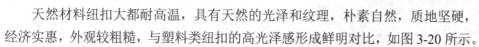

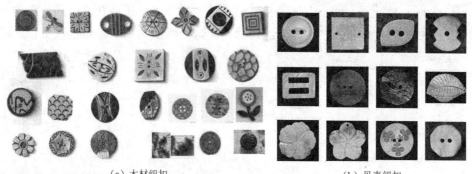

（a）木材纽扣　　　　　　　　　　　　（b）贝壳纽扣

（c）牛角纽扣　　　　　　　　　　　　（d）玉石纽扣

图 3-20　天然材料纽扣

（3）布包纽扣

布包纽扣（如图3-21所示），也叫盘扣，常用衣料的边角料或丝绒制作而成。布包纽扣由纽袢条和纽头两部分组成，我国传统的中式服装或东方风格的国际时装常使用这种纽扣。

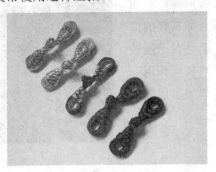

图3-21 布包纽扣（盘扣）

（4）工艺纽扣

在服装界，还有些厂商要求在纽扣上刻上自己公司的标志、标识、商标或其他图案符号，所以刻字纽扣的应用也越来越多。

造型独特的工艺纽扣（如图3-22所示）多做成天然物体的形状，如树叶状、月亮状、别针状和动物状等，受到现代人的喜爱，产品的品质较高，有一定的发展潜力。

（5）功能纽扣

功能纽扣是一类比较新潮的纽扣，它除了具备服装的连接功能之外，还结合了一些特殊的、与纽扣的功能毫无联系的功能，如香味纽扣、药剂纽扣、发光纽扣和会发出声音的纽扣等。

图3-22 工艺纽扣

实践与操作

1 纽扣的选用

合适的纽扣能在服装中起到画龙点睛的作用，它既可以是造型中的点，也可以构成线，是服装设计中不可忽视的因素。如扣件选用不当，容易将面料拉穿或将扣件拉脱，特别是针织面料，在选用金属扣件时，不要选用单管形状铆接的扣件，否则容易击穿。

（1）纽扣的颜色要与服装的颜色相协调

纽扣在服装上的色彩配置，要求在色相、纯度、明度等方面与服装色彩进行对比与调和，如图3-23所示。例如，一件鲜红亮丽的服装配上镀铬

图3-23 纽扣的颜色与服装的颜色相协调

的白亮纽扣和吊环，尽管这些扣件在服装上所占面积很小，但十分突出、明亮，其对比的特点就是色相与明度的强烈对比。又如，一件浅绿色童装，配上浅蓝色扣件，显得该童装更加鲜艳活泼，这就是色相对比、纯度对比所产生的效果。

（2）纽扣的大小要与服装的款式相符

纽扣可以融于衣服的色彩风格中，亦可以跳出来，起到装饰的作用，如图 3-24 所示。例如，牛仔服上习惯配古铜色的扣件，尽管色相不同，但纯度和明度接近，体现出一种潇洒、精悍、强劲的个性特征。

图 3-24 纽扣的大小与服装的款式相符

（3）纽扣的形状和图案要与服装的款式相协调

通常，素色料和简单款式的服装，应选择比较简练的纽扣，这样显得既文静又潇洒大方，如图 3-25 所示。夏季穿着的轻薄时装，色彩鲜明，一般配用色彩明快、质地轻盈的纽扣。

（4）根据年龄、职业和爱好选择纽扣

各具特色的纽扣在服装上的配置，体现了穿着者的文化层次、年龄、性别、社会地位、民族和习惯等，如图 3-26 所示。色彩暗淡的纽扣给人以安定、稳重和严肃的感觉；色彩鲜艳、形状卡通的纽扣给人以年轻、活泼和稚气的感觉。选用童装纽扣应以安全、环保、色彩艳丽明快为宜。

图 3-25 纽扣的形状和图案与服装的款式相协调　　　图 3-26 根据年龄、职业和爱好选择纽扣

2 钩、环、金属挂扣、裤带卡、拉链和搭扣带的选用

（1）钩

领钩又叫"风纪扣"，是用铁丝或铜丝弯曲定型制成的，以一钩一环为一副，使用方便，常用于立领的领口处。

裤钩是用铁皮或铜皮冲压成型，然后再镀上铬或锌制成的，表面光亮洁净，以一钩一槽为一副，相互钩套使用，主要用在裤子或裙的腰口部位。

各种钩的造型如图3-27所示。

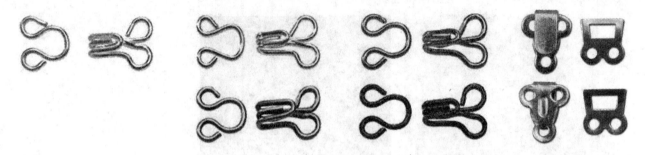

图3-27 钩

（2）环

环通常是指一端双环钉牢，另一端套拉住，起调节松紧作用的金属制品。常用的环有裤环和拉心环等，如图3-28所示。

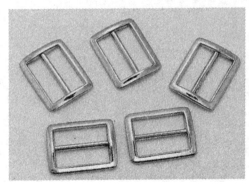

图3-28 环

裤环使用时一端钉住环形，另一端缝一短带钉住准备套拉用。其特点是略有调节松紧的作用，结构比较简单，一般用在裤腰处。

拉心环的外形是长方形环，中间有一柱可以左右滑动。使用起来灵活方便，可调节松紧，多用于腰头和西装马甲等服装上。

（3）金属挂扣

金属挂扣一般作为牛仔服装、夹克衫和背带裤等服装的配件，款式多样，如图3-29所示。金属挂扣在服装中有单独使用的，如调节扣、D字扣、拉心扣等；也有与其他附件配套使用的，如在牛仔系列中，工字扣与葫芦扣相配套使用等。金属挂扣制作材料有铁、铜、合金三类。金属挂扣一般有鲍鱼扣、方形拉心扣、日字扣、三线通扣、葫芦扣、布带松紧扣、夹带扣等。

图 3-29　金属挂扣

（4）裤带卡

裤带卡也叫腰卡、腰夹，多用于风衣、大衣和连衣裙的腰带上，能起调节松紧的作用，如图 3-30 所示。裤带卡形状多样，有正方形、长方形、圆形、椭圆形、菱形及其他不规则的几何形状。

（5）拉链

拉链指拉链式服装常用的带状开闭件，有金属拉链、树脂拉链和尼龙拉链等，如图 3-31 所示。拉链以形状分类有"O"形拉链、"X"形拉链等。

图 3-30　裤带卡

金属拉链齿用铜或铝制造而成。链齿安装在纱带上，用拉头控制拉开和闭合。这种拉链使用方便，缝纫简单，多用于夹克衫、羽绒服、运动衣和裤子门里襟处。通常铜拉链比铝拉链坚牢耐用。

塑料拉链是采用树脂为原料加工制成的。树脂拉链坚韧、轻巧，手感比金属拉链柔软、舒适，颜色品种多，用途与金属拉链相同。

许多服装常常用到拉链，甚至鞋、帽、靴和手袋等上都可以应用。随着技术的进步和审美需求的逐步提高，拉链的作用从实用发展到了装饰和点缀上，

图 3-31　拉链

如有些隐形拉链，正面有两排细小闪光的仿钻石小颗粒，拉上拉链后，两排钻石

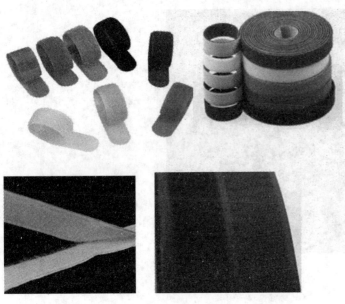

图3-32 搭扣带

镶嵌在深色的礼服上面，发出耀眼的光芒，精致美丽，极具装饰性。

（6）搭扣带

搭扣带也叫"魔术贴"是用锦纶丝或聚酯丝与纱带组合的两根能够搭合在一起的带子，其中一根带子的表面上有很多小毛圈，另一根带子表面有很多小钩，如图3-32所示。搭扣带搭扣紧密，耐磨性较强，有轻滑之感，又叫"无形拉链"，比金属拉链和塑料拉链细巧、方便。适宜在妇女、儿童的单薄服装上使用，也用于沙发套、儿童书包和医疗上的血压绷带等处。

任务拓展

调研你所喜欢的休闲服装品牌今年第一季度推出的新品，选择五个你喜欢的款式，并为该款式进行新的面料、里料、填料、垫料、固紧材料的搭配设计，并制作成服装辅料搭配案板。

任务 3.4 识别服装其他辅料

【任务情境】 通过认识辅料任务的学习，你对常用的服装辅料已经有了一定的了解，接下来你需要了解服装辅料在装饰上的重要作用，上司希望你通过对装饰性辅料的了解，能更全面地认识辅料知识。

【任务目标】
• 了解装饰性辅料的种类；
• 了解装饰性辅料的应用；
• 制作服装辅料搭配案板（装饰性辅料）。

【任务关键词】 装饰性辅料的定义 装饰性辅料的种类 辅料搭配案板

【任务解析】 装饰性辅料在服装中不但能起到装饰性作用，还具有实用性。上司需要你通过学习装饰性辅料的定义、种类等相关知识，把知识运用到产品的设计中，制作辅料搭配案板，为以后设计助理的工作打下良好的基础。

【任务思路】 了解装饰性辅料—搜集相关资料—总结提炼—课程实践—制作案板

理论与方法

　　服装辅料除了功能性强的里料、垫料、填料、固紧材料外，还有一种是目前服装款式设计中必不可少的——装饰性辅料，如图 3-33 所示。装饰性辅料主要是指依附于服装面料上的花边、珠片、珠子、铆钉、亚克力等装饰效果极强的材料。它们的作用是加强服装造型和装饰。

图 3-33　装饰性辅料

实践与操作

1 花边辅料

　　花边也称为蕾丝，是用作嵌条或镶边的各种有花纹或图案的带状材料，如图 3-34 所示。花边在女装和童装中的应用比较多，主要包括编织花边、刺绣花边、经编花边和机织花边四大类。花边多应用于内衣、睡衣、时装、礼服、披肩及民族服装等的设计中，具有极强的艺术感染力。

（a）水溶性刺绣花边　　　　　（b）棉布刺绣花边　　　　　（c）经编无弹力花边

图 3-34　花边

2 缀片、珠子

缀片、珠子类辅料如图 3-35 所示，这类辅料因其极强的装饰性而广泛应用于婚纱礼服、舞台服装及时装中，可使服装造型靓丽、魅力四射。选配时，应注意花边、缀珠的色彩、花型、宽窄与服装款式、面料相配伍，以突出最佳的装饰效果。

图 3-35 缀片、珠子

3 松紧带

松紧带一般采用棉纱、粘胶丝或橡胶丝等原料织成，常用于内衣、腰带、手套和服装等设计中，如图 3-36 所示。

图 3-36 松紧带

4 罗纹带

罗纹带也叫罗口或毛线口，是用罗纹组织织成的一种针织物，如图 3-37 所示。其原料有棉、绒线和化纤等，主要用于袖口、裤脚和领口等位置。

图 3-37　罗纹带

任务拓展

　　通过学习，你已经基本掌握了辅料的基本知识，现在希望你能把知识更好地运用到服装设计中。请你参考今年的休闲服装发布会，尝试设计一个休闲系列服装（五套），认真考虑辅料的搭配设计，并制作成服装辅料搭配案板。

第二篇

应用篇

项目 4　优雅时尚塑浪漫
——走进婚纱礼服设计工作室

项目简介 ☞

> 本项目借助导入 Vera Wang 品牌案例，模拟品牌婚纱定制工作室情境，要求学生基于品牌基础知识和工作室情境，完成相应的情境任务。在完成任务的过程中，学习相应的婚纱礼服材料及其特性，举一反三，学会将不同的材质及其特性表达到婚纱礼服设计中。

服饰艺术常常被赋予非常丰富的审美蕴含。跳跃的色彩、流转的线条、具有肌理感的堆积、繁复多变的材质……成为构建服饰艺术的各类重要元素。对于最能直观体现服饰艺术性的代表，莫过于尽显婀娜奢华的婚纱礼服。

在奢华顶级的高级定制品牌中，婚纱礼服这一服装品类塑造和展示了各大服饰品牌独特的设计内涵。如强调造型线条的 Dior（如图 4-1 和图 4-2 所示），高雅精美的 CHANEL，精致经典的 LOUIS VUITTON，华丽性感的 VERSACE，富丽华贵的 VALENTINO 等。设计师通过婚纱礼服的设计，通过多种材质的表达，展现出婚纱礼服的无穷魅力。

图 4-1　Dior 高级定制服（John Galliano 设计）

图 4-2　Dior 2012 早春婚纱礼服

┃ 项目导入

Vera Wang 品牌介绍

生活与时尚是共生的关系。

对一个女人来说，一生中最重要的时刻就是举行婚礼，那是女人梦想的开始。我梦想成为一名杰出的艺术家，让婚纱成为一种艺术品。

——Vera Wang（王薇薇）

Vera Wang，著名华裔设计师，被称为"婚纱女王"。Vera Wang 出生于纽约曼哈顿，19 岁时随父母移居到时尚之都巴黎。巴黎的经历，彻底改变了 Vera Wang 的人生轨迹。母亲经常带她去看时装秀，使她对服饰设计产生了浓厚的兴趣。

Vera Wang 设计的婚纱是许多女人的梦想，很多好莱坞明星和上流社会名媛的华服都出自 Vera Wang 之手。Vera Wang 曾为多位明星设计过婚纱，在每年的奥斯卡金像奖星光大道上，穿着 Vera Wang 的时装就是让女星不会得到"最差着装奖"的品质保证。

2004 年，Vera Wang 入选美国纽约《每日新闻》评选的"影响纽约的 100 位女性"，2005 年 6 月又夺得第 24 届美国服装设计师（CFDA）大奖"最佳女装设计师奖"。也许我们应该记住这样一句流行语："未婚的姑娘憧憬拥有一件 Vera Wang 婚纱，已婚的女士时常怀念自己穿过的那件 Vera Wang，再婚的女人庆幸自己可以再要一件 Vera Wang。"这是对 Vera Wang 翘楚魅力最精辟生动的诠释。Vera Wang 已经建立了一个庞大的时尚帝国，旗下的商品除了婚纱和礼服之外，还包括香水、珠宝、玻璃器皿、瓷器、皮鞋和眼镜等。

任务 4.1 识别婚纱礼服

【任务情境】　　　假设你现在是 Vera Wang 婚纱礼服公司旗下一间婚纱定制工作室设计部今年新招聘的设计助理，该职位的工作性质侧重于款式面料设计与跟单。第一天上班，上司需要你在一周内先熟悉该职位的具体工作，了解公司的各个场室、业务流程，掌握婚纱礼服的常见类型，以及公司的主要婚纱产品，并有针对性地制作品牌婚纱礼服设计中的常用材料案板。

【任务目标】
- 了解服装设计助理的岗位要求和岗位职能；
- 掌握婚纱礼服的常见类型和风格；
- 熟悉材料案板的内容，掌握材料案板的设计与制作。

【任务关键词】　　熟悉婚纱礼服分类　婚纱礼服面辅料　材料案板

【任务解析】　　　本次任务主要针对工作室设计部新人熟悉设计助理工作岗位而设置的。你的任务是先熟悉公司的基本情况，了解公司婚纱礼服等主要产品和业务，尤其是上司需要你通过调研，马上进入工作状态，掌握婚纱礼服的常见款式和常见面辅料，制作材料案板，为以后设计助理的工作打下良好的基础。

【任务思路】　　熟悉环境—了解产品—搜集面料—概括关键词—总结提炼—案板排版与制作

理论与方法

1 设计助理岗位要求

1）具备一定的设计理论知识。

2）熟悉服装行业，熟悉服装销售市场，工作认真勤奋。

3）熟悉常用的设计软件，精通 CAD、Photoshop、CorelDRAW 的操作，熟练使用常用办公软件。

4）需具备良好的沟通和表达能力，有较强的团队合作精神。

5）有较强的构图审美能力和设计能力。

2 设计助理岗位职能

1）通过各种媒体和现场发布会收集流行资讯，包括时装发布会、服装流行主题、服装流行色等。

2）注重市场调查，了解本企业服装产品销售动态，了解穿着对象的生活状态与消费心理，及时开发应市产品。

3）了解服装面料性能、风格、特色及价格，注重色泽、手感和光泽感，用现代最新潮流的服装辅料，设计创造出最新的款式，掌握成本的概念，选定适时合理的款式定位。

4）绘制服装效果图，并认真进行修改和设计答辩。

5）与板型师沟通设计意图，控制样衣板型式样和进度。

6）样衣制成后，参与调整样衣板型，修改样衣上不理想的工艺方法。

7）沟通设计人员，与工艺人员密切配合，调整设计效果，使设计符合本企业生产条件及市场的要求。

无论是传统礼服还是现代礼服，都体现了参与仪式或集会的人重视程度。因此，礼服的颜色、款式、风格等一般要符合礼仪场合的格调和气氛。通过礼服不同的服装形制，人们建立并构成了相应的社会交往秩序，这也反映出这种服装形制蕴含了人们熟知的生活风俗和审美习惯。这方面的约定俗成使设计师将用途、活动场所、使用目的、流行趋势、传统习惯等因素充分融入到婚纱礼服设计上，使婚纱礼服在款式造型、图案颜色、材料质地、制作工艺、服饰配件等方面均具有一定的共同性。

3 婚纱礼服的类型

在女士婚纱礼服类型中，晚礼服是最为正式的礼服，准礼服是正式礼服的简装形式，还有日装礼服、婚礼服等。

（1）晚礼服

晚礼服（正式礼服）一般是指晚上八点以后穿着的正式礼服，源于西方社交活动中，在晚间正式聚会、仪式、典礼上穿着的礼仪用服装。不过，根据一些地区夜晚来临早晚的不同，穿着时间也略有区别。晚礼服一般裙长及地，面料飘逸，有垂坠感，以黑色最为隆重。传统晚礼服面料以夜晚交际为目的，为迎合夜晚盛会奢华、热烈的气氛，女士的正式礼服奢华气派，质地讲究，多采用丝光、反光等高档华丽的材料，以透明或半透明、有光泽的锦缎、丝绸、天鹅绒等为主要面料，奢华高雅；以印度红、酒红、宝石蓝、宝石绿、玫瑰紫、黑白等为常用颜色，配以金银及丰富的闪光色，视觉上更加高贵豪华。晚礼服风格各异，常配以披肩、外套、斗篷、手套等配饰。

（2）日装礼服

日装礼服（昼礼服），主要是指午后正式参加社交活动、访问宾客时穿的礼服，如参加晚宴、音乐会、出访贵客等社交场合穿的现代礼服。日装礼服具有高雅、沉着、稳重的风格，多用素色，以黑色最为正规。例如，女士穿着的局部加有刺绣装饰、精工制作的裙套装、裤套装、连衣裙、雅致考究的两件套等。

（3）婚礼服

婚礼服（婚纱）是结婚时的专用服装，即参加结婚仪式和婚宴时新娘穿着的西式服装。婚纱可单指身上穿的服装和配件，也可以包括头纱、捧花等部分。婚纱的颜色、款式等视各种因素而定，包括文化、宗教、时装潮流等，婚纱来自西方，有别于以红色为主的中式传统旗袍和裙褂。

4 婚纱礼服的风格

在现代社会，礼服设计融入了更多的世界流行趋势，注入了设计师群体的智慧和力量，在造型、面料、图案等方面更为丰富多彩、变幻莫测，展现出简洁、舒适、时尚、个性、文化等多元特色，反映出人们对更高生活品质的追求，呈现出更为丰富的风格艺术。

（1）简约风格

简约风格的礼服把人作为主体来表现，烘托着装者的气质，使人们的注意力更多地集中在着装者本身，给人一种自然、整体的印象。简约风格结合了新旧古典主义的美感，是现代实用性礼服常用的风格形式。简约风格结合了精湛的裁剪、高档的面料以及精致的做工，呈现出高雅之美。

（2）浪漫风格

浪漫风格的礼服强调优雅的花边、碎褶和蝴蝶结等造型元素，营造优雅浪漫的气质，常采用蕾丝花边、多层半透明纱和碎花图案，给人以一种愉悦的视觉体验。例如，公主风格的礼服采用层层纱的堆叠，运用裙撑夸大下半身的裙摆造型，体现出女性优雅的曲线。

（3）华丽风格

华丽风格的礼服选用光泽比较强的面料，装饰采用珠片，注重手工缝制，配以精湛的绣花，造型较为夸张和复杂，给人以豪华感。例如，皇后风格礼服采用高腰线，在胸部合身紧贴，裙摆呈现 A 字形，充分展现肩和胸的线条。运用手工布花、穿插珠片的方式，产生熠熠生辉的效果。

（4）俏丽风格

俏丽风格的礼服轻松活泼，往往有独具特色的小创意，给人一种诙谐可爱的感觉，材料选择大胆，造型手法无拘无束，是礼服中较为另类的风格。

（5）性感风格

性感风格的礼服以展现女性妩媚体态为重点，多采用朦胧的薄纱为面料，产生若有若无的朦胧美感，或采用黑色的皮革质地材料，产生狂野不羁的感受。

礼服在实际设计中，要根据场合、时间和使用目的综合考虑，多种风格也可相互穿插，但必须要注意礼服整体风格的协调统一。

实践与操作

1 服装材料案板的概念

在婚纱礼服设计中，同一品类的产品所使用的面料在通常情况下具有一定的同一性，产品的材质选择都基于具体的服装款式设计，通过肌理的变化，不断丰富婚纱产品的实穿性和艺术性。

婚纱礼服企业通常会将不同质感的材料加以组合，堆放在同一设计稿旁边，制作成相应的案板，以表达和塑造不同的风格。通过不同材料元素的组合，设计师选择该设计中的最优化组合，达到最佳的设计效果。

企业常见材料案板如图 4-3 所示。

图 4-3 企业常见材料案板

2 服装材料案板的制作要求

1）通过归纳提炼，用形象直观的图片和文字说明来展示企业产品设计中的面料诉求。

2）将现有模拟品牌已有的面料进行整理，制作产品常用的材料面板。

3 服装材料面板的制作案例

（1）Vera Wang 作品资料

Vera Wang 的婚纱设计风格极其简洁流畅，丝毫不受潮流左右，她擅长不露痕迹地演绎时尚和奢华，并因此而闻名。Vera Wang 婚纱作品的一大特色是使用轻薄坚挺的布料，设计中非常注重布料的特性、材质的选择与立体的剪裁，由此形成了招牌式的层次，几乎所有的产品都富有悬垂感的层叠和丰富的肌理，如图 4-4 所示。

图 4-4　Vera Wang 作品

同样，Vera Wang 也非常重视细节的处理，每件婚纱都配以形式各异的头纱或者花饰，而这些婚纱单品都装钉花饰及亮片，有些甚至还装钉了闪烁的钻石，处处都体现着 Vera Wang 力臻完美的设计理念。Vera Wang 礼服秀场展示的作品如图 4-5 所示。

图 4-5　Vera Wang 礼服秀场

（2）婚纱礼服材料案板示例

下面是几种婚纱礼服材料案板的示例，可供学生参考，如图 4-6 所示。

蕾丝 Lace

一般作为边缘的装饰和点缀图案，也会大幅面用在婚纱的衣身及下摆处。设计秀美，工艺独特，经过精细的加工，图案花纹有轻微的浮凸效果，触感更是轻柔。价格昂贵。

雪纺 Chiffon

面料轻盈、飘逸，具有丝的柔性及轻薄特性，触感柔软，常用来做披肩或晚礼服。

欧根纱 Organza

透明或半透明的轻纱，多覆盖于缎布或丝绸上面。

薄纱 Tulle

比欧根纱更薄，透明度也更好，常用来做头纱，和欧根纱效果接近。

图 4-6　婚纱礼服材料案板示例

任 务 拓 展

　　　　经过了一周的工作实践，作为设计助理的你已经对工作内容有了一定认识，对服装常用材料有了相应的了解。但是，只懂设计是无法完全胜任设计助理这个工作的。在企业中，设计师不仅要会设计，更要懂得"成本"这个概念。上司要求你去调查市面上常用服装面料的价格，从而对服装面料报价有一定的认知。

　　　　请你对婚纱礼服常用面料的价格进行一次市场调查，完成相应的调查报告。

任务 4.2 把握服装面料在婚纱礼服设计中的应用

【任务情境】　　　　经过了一段时间的适应，作为设计助理的你已经具备了一定的工作经验，对面料及面料能够塑造的风格有了相应的了解。上司要求你开始熟悉婚纱礼服的常见面料，学会婚纱礼服面料的选配原则和方法。请你为图 4-7 所示婚纱款式选配几组合适的面料，进行几种面料组合设计，挑选出最优面料搭配方案。

　　　　（a）款式1　　　　　　　　　　　　　　　　　（b）款式2

图 4-7　待配料婚纱款式

【任务目标】　● 了解婚纱礼服的常见面料和面料的主要风格及应用款式；
　　　　　　　　● 掌握婚纱礼服的面料选配原则；
　　　　　　　　● 学会针对婚纱设计效果图选配适合的面料。

【任务关键词】　面料风格　面料选配原则　面料搭配方案最优化

【任务解析】　本次任务主要针对工作室设计部新人熟悉设计助理工作岗位而设置的。任务要求设计助理在接触设计之前，全面掌握面料的基础风格，学会进行婚纱设计中的面料搭配，并能够独立完成婚纱礼服设计中的面料选配。

【任务思路】　面料风格感知—熟悉常见服装款式—总结面料搭配方案—最优化选择

理论与方法

1 设计部常规工作程序

设计部常规工作程序如图 4-8 所示，设计师工作细节如图 4-9 所示。

图 4-8　设计部常规工作程序

1）首席设计师根据公司总体战略规划及年度经营目标，围绕市场部制订的产品计划，依据公司的品牌风格和产品风格定位，制订公司服装品牌的年度产品开发计划。首席设计师和设计师根据年度产品开发计划，制定具体的新产品服装系列设计方案，并由企划部、营销部和总经理确认通过。

2）设计师根据具体产品系列的设计方案，组织设计师设计图稿、选择面辅料、配饰，设计款式图稿经首席设计师和设计师审批通过后，由板房主管安排制板师打样板。

3）制板师按款式设计图稿和设计师的要求制板，经设计师审核批板后，工艺师根据设计、制板的要求制定工艺要求。

4）工艺师依据工艺要求指导样衣师制作、修改样衣，样衣师根据设计、制板和工艺要求制作、修改样衣，为工艺师提供各个环节的准确数据，样衣经设计师、制板师、工艺师审核通过后，由工艺师编写完整的工艺单。

5）各个产品系列样衣完成后，协同公司的企划部、供应部、市场部、生产部等进行审核，设计部根据审核意见进行修改完善，经总经理确认通过的产品系列将组合成公司下一季的新产品。

图 4-9　工作细节

6）新产品投入生产线并进入市场后，设计部门随时跟踪并反馈技术、质量、销量等信息，并根据生产和市场的需要，及时做出调整方案，实施调整措施。

2 设计助理常见工作任务分析

设计部常规业务流程如图4-10所示，设计助理常见工作任务分析如表4-1所示。

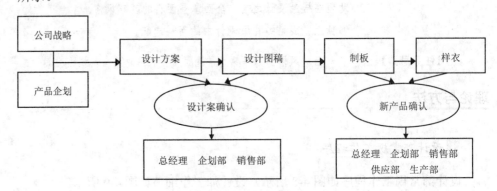

图4-10 设计部常规业务流程

表4-1 设计助理常见工作任务分析表

工作项目	工作任务	工作行为
1. 接受助理任务	咨询设计师意图	了解助理设计师具体任务及要求
	接受任务（书面或口头）	采集面料小样
		采集辅料小样
		跟进绣花/印花等工艺
		跟进配色等
2. 画图稿	绘画服装图稿	手绘或电脑绘制效果图
		画服装平面结构图
		用手绘或电脑绘制平面结构图并说明工艺细节
	图案设计	用手绘或电脑设计服装款式的1：1图案稿
		装饰图案的配色
		图案材料的选配
		图案工艺的跟进
3. 相关材料的跟进	面料样板的跟进	到市场、布行跟进面料样板
	辅料样板的跟进	到市场、工厂采购辅料样板跟进（选配、染色等）
4. 板衣的跟进	工艺、图案装饰的跟进	设计和跟进图案装饰图稿
		图案装饰的配色（绣花、印花、洗水等）
		跟进图案装饰工艺制作
5. 补款	补充款式图稿，完善产品结构	协助设计师跟进面料、辅料等
6. 参与完善服饰组合	参与服饰的搭配、整理	参与服饰（鞋、帽、包、饰物等）的整体搭配

续表

工作项目	工作任务	工作行为
7. 产品推广	协助制作产品的图文说明	编制产品风格特征、款式特点等的图文说明
		介绍产品特色
	参与产品静态展示	参与策划服装展示方案
	参与产品动态展示	参与策划服装产品发布会展示方案

实践与操作

婚纱礼服设计中，设计师最先接触和考虑的除了设计本身之外，需要更加注重面料的挑选。通过在人台或模特上的披挂，充分了解面料的性能和特点，再根据其特点来设计相应的款式造型。现代婚纱礼服设计中，无论是在纤维种类和织造方式上还是在后整理和风格上可选择的面料种类都很广泛，影响面料性能的因素也很多。作为婚纱礼服设计者，最为关心的则是面料的外在美感、形成服装形态的表现力，以及面料的织造结构和手感。

1 考查婚纱礼服的品类特征

（1）公主款婚纱礼服（如图 4-11 所示）

特点：婚纱中最经典、传统的款式，深受浪漫可爱女性的喜爱，主型为修身的胸、腰设计，同时配合大而蓬松的裙摆，既可爱，又不失华丽。

适合人群：此款婚纱适合各种体型的新娘，经典的设计可以充分展现新娘的曲线，达到束胸，收腹，隐藏臀部、腿部缺陷等效果，是婚纱设计多年无法颠覆的经典。

（2）A 字款婚纱礼服（如图 4-12 所示）

特点：如同字母 A 的造型，与公主款同样有修身的胸部设计，但 A 字款婚纱腰线较高，在胸部以下裙摆便逐渐打开，有提升腿部曲线的效果，是许多设计师最中意的款式。

适合人群：完美的修身设计与视觉提升效果，最适合体型娇小或腰部丰满的新娘。腰线的提升，使得腿部有很长的视觉拉伸效果；逐渐展开的裙摆，简洁大方，即使腰部有赘肉也可自然遮挡。

图 4-11　公主款婚纱礼服

图 4-12　A 字款婚纱礼服

图 4-13 鱼尾款婚纱礼服

（3）鱼尾款婚纱礼服（如图 4-13 所示）

特点：最大的特点就是裙摆处像美人鱼尾巴一样展开，配合上身的绝对修形设计，充分展现新娘的 S 曲线。整体收身的设计和从臀部以下突然舒展开来的蓬松裙摆，是热情、自信新娘的首选。

适合人群：从肩部至臀部的修身设计，适合身材较瘦、体型曲线较好的新娘。同时，展开的长而宽大的鱼尾裙摆，会给人以下身压缩感，因此，身材高挑、腿部修长的新娘才可尝试。

（4）修身款婚纱礼服（如图 4-14 所示）

特点：与鱼尾款的婚纱设计类似，但没有蓬松宽大的裙摆。修身款整体给人以顺畅、光滑的视觉效果，可以完全体现新娘的优美体态。

适合人群：较适合身材高挑、体型匀称的新娘。优雅别致的款式设计，能够充分展现新娘清秀、现代的风格。

图 4-14 修身款婚纱礼服

2 婚纱礼服的面料选配原则

婚纱是举行婚礼时的专用服装，如何合理选取面辅料，进行婚纱设计，更好地体现婚纱的庄重性和艺术审美性等特点，是服装设计者必学的内容之一。

无论在哪个国家，无论什么形式的婚礼，新娘穿着的漂亮结婚礼服都是最引人注目的亮点。现代婚纱的颜色、样式越来越艳丽，其面料的选用应该根据款式的需要确定，面料的材质、性能、光泽、色彩、图案等需要符合款式的特点和要求。在面辅料选用方面应注意以下几点。

1）由于礼服注重豪华富丽的气质和婀娜多姿的体态，因此，多用光泽面料，柔和的光泽或金属般闪亮的光泽都有助于显示礼服的华贵感，使人的体态更加动人。

2）面料的柔软、厚薄、保形、悬垂等性能与礼服的轮廓、造型风格相匹配。

3）做工精细，辅料的缝线缩率和缝纫性能应与面料、里料配伍。

4）面料色彩和图案应根据穿用场合确定。

3 婚纱礼服常见的面料

白色的婚纱是西方女性结婚时十分钟爱的礼服样式，婚纱礼服的造型多沿袭过去的形式，以表现女性形体的曲线美，并尽可能地尊重传统习俗。

婚纱礼服面料多选择细腻、轻薄、透明的纱、绢、蕾丝，或采用有支撑力、易于造型的化纤缎、塔夫绸、山东绸、织锦缎等，着重体现女性的性感、妩媚、高贵、个性等特质。

（1）经编网眼织物

经编网眼织物是指在织物上有一定规律网孔的针织物。织物布面结构较稀松，布料有一定的延伸性和弹性，透气性好，孔眼分布均匀对称。孔眼大小变化范围很大，小到每个横列上都有孔，大到十几个横列上只有一个孔。孔眼形状有方形、圆形、菱形、六角形、垂直柱条形、纵向波纹形等。

经编网眼织物使用原料的范围很广，基本上所有的纺织原料都能采用，根据使用要求一般以天然纤维和合成纤维为主，人造纤维也常常被采用。天然纤维和人造纤维手感柔软，悬垂性好，若采用合成纤维，特别是涤纶丝，则手感硬挺，适合做立体造型。

经编网眼织物近几年不断登上国际时尚舞台，其透明感强，现已成为面纱、衬衫、裙装甚至是整件礼服的主要面料，可塑造出精美的立体效果。根据织物原料的不同，选用相应的染整工艺，一般呈现出的外观效果如图 4-15 所示。

（a）烫金网眼织物

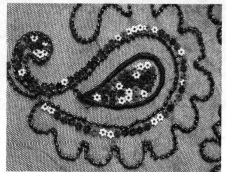

（b）绣珠片

图 4-15　经编网眼织物

（2）蕾丝织物

蕾丝织物是 lace 的音译，一种舶来品。蕾丝是一种经编花边织物、有刺绣效果的面料，最早由钩针手工编织。蕾丝的制作是一个很复杂的过程，它是按照一定的图案用丝线或纱线编结而成。蕾丝织物呈现的外观效果如图 4-16 所示。

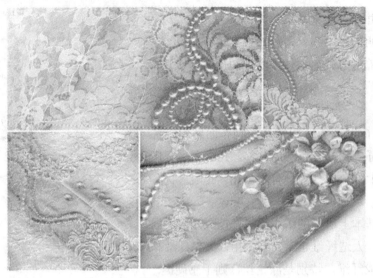

图 4-16　蕾丝织物

蕾丝分为手工蕾丝与机织蕾丝两种。具有悠久历史的手工蕾丝，在中世纪时就已经有了完善的制作技法，但因其制作方法费时费力而且价格昂贵，所以只有特殊身份的人才能穿着以手工蕾丝作为装饰的服装。

蕾丝设计秀美，工艺独特，经过精细的加工制作，呈现特殊的镂空外观，图案花纹有轻微的浮凸效果，似明似暗，半遮半透，有着精雕细琢的奢华感和体现浪漫气息的特质。蕾丝种类繁多，原本一直作为辅料使用，目前作为主料使用的频率不断上升。

（3）缎类织物

缎类织物是指织物的全部或大部分采用缎纹，质地柔软紧密，绸面平滑光亮。缎类织物的原料有桑蚕丝、人造丝或其他化学纤维长丝。缎类织物手感滑爽，光泽华丽，质地较厚，有重量感，保暖性强，适合春秋季和冬季举行婚礼时选用。

缎类织物按其制造和外观可分为锦缎、花缎、素缎三种。缎类织物呈现的外观效果如图 4-17 所示。

图 4-17　缎类织物

（4）纱类织物

纱类织物是婚纱礼服最常用的面料之一，用途广泛，既可以用来作主体面料，也可以用来作辅料。纱类织物具有轻盈飘逸、充满幻想的感觉，特别适合在上面装饰蕾丝、缝珠和绣花，华丽中藏着神秘，能够表现出浪漫朦胧的美感，几乎各个季节都适用。

纱类织物适合制作渲染气氛的层叠款式、公主型宫廷款式的礼服，也可单独大面积用在婚纱的长拖尾上。如果是紧身款式婚纱，纱类织物可作为简单罩纱覆盖在主要面料上。对于纱质材料的婚纱，更加注重面料的层次感，如果层数太少，将会使婚纱干瘪单薄、无精打采，不够挺实蓬松，无法达到婚礼隆重、浪漫、梦幻的效果。纱类织物呈现的外观效果如图 4-18 所示。

图 4-18　纱类织物

（5）绒类织物

绒类织物是指表面具有绒毛或绒圈的织物，采用蚕丝或化学纤维长丝织制而成，如图 4-19 所示。绒类织物质地柔软，色泽鲜艳光亮，绒毛、绒圈紧密，耸立或平卧，有柔软的触感。

绒类织物近几年再度回归 T 型台，在礼服设计中掀起了时尚波澜。独特的光泽感让柔软的天鹅绒、烂花绒、金丝绒等绒类织物表现出深沉的华丽情调、细腻的层次感以及丰富的肌理，使晚装显得华美高贵、与众不同，非常适合用来出席隆重场合。

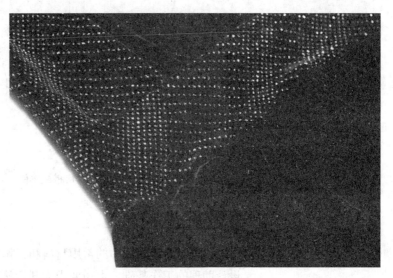

图 4-19　绒类织物

4　面料搭配案例

款式 1：此款礼服上窄下宽，上身贴蕾丝花、系带、侧片抓细褶，下裙蓬松，装饰花装饰意味强烈，对称走圆形，裙型自然，如图 4-20（a）所示。建议采用具有一定立体感的面料和能够展现细褶细腻的柔性面料混搭作为主料，如雪纺、欧根纱等；蕾丝作为装饰面料。

款式 2：此款礼服为柔性拖地长款，上身抓细褶，钉珠贴于腰间，呈现高贵柔美的气质，如图 4-20（b）所示。本款服装要求面料悬垂性能佳，能够展现长裙飘飘的特性。建议选用雪纺面料作为主料，如 100D 雪纺、190T 丝光里。

（a）款式 1

（b）款式 2

图 4-20　面料搭配案例

任 务 拓 展

　　经过对婚纱设计中的常用材料和工作室设计部工作流程的熟悉，你已经具备了设计助理的工作基础。上司要求你开始熟悉设计制单，为图 4-21 所示婚纱款式选配合适的面料，并制作出大概的成衣效果。可参考图 4-22 所示的实例效果。

图 4-21　婚纱款式

图 4-22　实例效果

任务 *4.3*　把握服装辅料在婚纱礼服设计中的应用

【任务情境】　　　经过了一段时间的培训，你对设计助理的工作越来越熟悉了。工作室近期开始进入定制的旺季，公司业务日益繁忙。作为设计助理，上司需要你了解服装制单的内容，注意服装辅料的挑选与使用，进一步跟进部分婚纱礼服的工艺制单，敦促进度。

【任务目标】
- 了解婚纱礼服制单的内容和构成，了解制单中面料、辅料的表示方法；
- 了解常见的婚纱礼服制作辅料及其对婚纱礼服廓型风格的影响；
- 掌握婚纱礼服制作中常用的服装辅料及其特性；
- 熟悉婚纱礼服辅料的使用方法。

【任务关键词】　　工艺制单　辅料表示方法　辅料特性　辅料使用方法和位置

【任务解析】　　　服装公司设计部设计助理需要经常性地接触服装具体的制单，先以客户订单的需求为根本依据，在设计开发相应的服装设计稿后，制出具体款式的设计制单，包括设计说明、面料小样、特殊细节处理等，再交由纸样部进行细化处理、制板和样衣试制，并进一步完善该设计的板型。本次任务主要强化工作室设计部新人制单能力和制单跟进沟通能力。任务要求先熟悉婚纱礼服工艺制单的基本内容，了解公司婚纱礼服制单中各组成部分的表示方法，在绘制婚纱礼服具体款式的基础上，进一步了解服装材料和面料的运用方式。

【任务思路】　　　搜集制单和常用婚纱礼服面辅料—学习制单—熟悉使用辅料—总结提炼—制作设计制单

理论与方法

服装企业在设计师开发设计出具体的服装款式之后，应制作出该款式的设计制单。服装企业由于内部业务流程的不同，通常此类文件所呈现的形式和种类也不尽相同。

1 制单的使用环境

在制作服装设计制单时要依据客户提供或本企业有关部门确认的样品，对产品全部设计要点进行分析，经多次修改，在多方确定的基础上正式形成。服装设计制单用于指导纸样部板师进行板型绘制和样衣试制，根据设计的可实现性和可行性会在设计师和板师的共同交流下略有更改，但总体的效果一般很少变化。服装设计制单一般由服装企业设计开发部门的制单员制定，也有部分企业直接由设计师或设计助理在服装具体款式设计终稿之后，制作确定。

2 模板介绍

服装设计制单的内容一般包括所要生产的服装品种，应采用的服装面辅料的说明，产品的款式缩图，款式标示图，颜色搭配，该款服装的特殊工艺说明等。

3 设计制单模板

设计制单模板如表 4-2 所示。

表 4-2　设计制单模板

品　名		款　号		设计者		开发季度	
效果图：							
设计说明：							
特殊工艺说明：							
面料说明							

实践与操作

1 辅料选配原则

　　服装辅料是指服装制作过程中除了面料以外的一切用于服装上的材料。服装辅料的服用性能、加工性能、装饰性能、保管性能及成本都直接关系到服装成衣的品质、造型、舒适程度及销售情况，其重要性是不言而喻的，婚纱礼服产品亦是如此。挑选婚纱礼服辅料应遵循以下原则。

　　1）婚纱礼服的里料、扣紧材料、垫料、装饰材料等要遵循设计稿，颜色搭配必须协调。

　　2）衬料和里料等与服装面料的性能相配伍。这些性能主要包括服装面料的颜色、重量、厚度、色牢度、悬垂性、缩水性等，对于缩水性大的衬料在裁剪之前须经预缩，而对于色浅质轻的面料，应特别注意其内衬的色牢度，避免发生沾色、透气等不良现象。

　　3）在选配絮料时，要根据婚纱礼服设计款式、种类用途及功能要求的不同来选择适当的厚薄、材质、轻重、热阻、透气透湿、强力、蓬松收缩性能的絮料，必要时还可对絮料进行再加工以适应服装加工的需要。

　　4）婚纱礼服辅料选配应美观经济、结实耐用，一般不超过面料的价值，以降低服装成本。

2 婚纱礼服的常用辅料

（1）裙撑的形式和材料选配

　　裙撑是在婚纱礼服内部起支撑作用、具有体积感，并能使外面裙子显现出漂亮轮廓的衬裙。裙撑在整个礼服发展过程中起着重要的作用，它利用夸张的臀部增加胸腰的对比反差效果。臀部越大，越反衬腰细；腰部越细，越显胸部丰满，着重塑造了女性的 S 形曲线，因此被沿用至今。

　　1）裙撑的结构和形式。裙撑依据其内部结构与形状可以分为无骨裙撑和有骨裙撑两种。

　　① 无骨裙撑（如图 4-23 所示）。无骨裙撑也称为无钢圈裙撑，如裙摆较自然的小 A 形裙撑，让裙摆更显魅力的波浪形裙撑。无骨裙撑有单层纱裙撑、双层纱裙撑、三层纱裙撑、拖尾裙撑、束腰裙撑等，适合用在面料轻软或裙摆较小的礼裙内部。一般来说，裙撑的蓬松量由质地较硬的面料抽褶而来，随着摆幅的增大，需要的褶量也增大。

　　② 有骨裙撑（如图 4-24 所示）。有骨裙撑也称带钢圈裙撑，骨架内外各有撑纱若干层，以掩盖骨架。最考究的是撑纱外面还有一层坯布。有骨裙撑根据钢圈数量可分为适用于短裙选用的单钢圈、适用于中长裙选用的双钢圈、适用于长裙或拖尾裙选用的三钢圈。钢圈越多，裙摆越大，裙撑过渡越自然，稳定性也越好。必须注意的是，有骨裙撑的最后一圈骨架最好在离地很近处，否则裙子撑开效果不是最佳的。

图 4-23 无骨裙撑

图 4-24 有骨裙撑

2）裙撑的材料与选配。

① 无骨裙撑的材料。无骨裙撑一般按照硬度，分为硬纱和软纱。软纱为大多数女性所喜欢，飘逸垂顺，但价格偏高。若要抽褶，则使用锦纶透明薄纱、锦纶六角网眼薄纱、涤纶蝉翼纱等材料，一般用于裙撑内部。裙撑的外层材料大多用硬挺的材料制作，其特点是网格较大、硬度强、支撑力强、不易变形、可反复水洗、可以创造出很蓬松的效果，缺点是不够飘逸。

② 有骨裙撑的材料。有骨裙撑一般由钢圈和软（硬）纱组合制作而成。钢圈以有弹性、质量轻的钢板为原料。钢圈可以折叠，便于邮寄和保存。裙摆越膨大，需要的钢圈或其他材料制成的框架就越多。为了防止礼服表层透出钢圈或褶裥的痕迹，使裙摆无任何瑕疵，裙撑外罩使用锦纶塔夫绸或涤纶透明薄纱。

③ 裙撑的选配。裙撑应与礼服裙身造型相搭配。选择有骨裙撑的要点是：如果裙子缎面本身很轻软，那么最好不要选择有骨架的，因为骨架的印迹会使

裙子不顺畅，影响外观；如果有些礼服的裙摆是厚缎的宫廷式、堆褶式、大拖尾式或层层荷叶边覆盖式等，那么这些礼服只有用有骨裙撑才会撑到饱满，并使裙身上面的水晶、花卉、褶皱效果体现得最好，达到理想的效果。撑纱的层数越多，撑起裙子的效果越好。如果担心钢圈会使裙子裙摆不顺畅，可以选择无骨裙撑，使裙摆更加自然。

（2）内衣的材料与选配

塑身内衣的材料与选配，如图 4-25 所示。

图 4-25　塑身内衣

1）塑身内衣表层材料。塑身内衣与文胸的最大区别在于其表层材料是使用有弹性的面料来制作的。

2）塑身内衣内部材料。塑身内衣主要是用鱼骨（钢板）作为内部材料。原来欧洲妇女用鲸鱼的骨头做塑身内衣的形体支撑，尽管现在已发展为多种材料，人们习惯上还是把塑身内衣的形体支撑叫作鱼骨。束腰分螺旋钢骨和鱼骨两种，形状是直线形，可折，有一定的弯曲度。它是用来撑板型的，并且有塑身作用。

3）选择内衣的要点。一是注意内衣尺寸，按大小选择型号；二是注意体型，根据体型选择内衣的形状；三是注意身体部位的构造，矫正并弥补其不足；四是注意与外衣的搭配组合，包括颜色、图案、花边、样式等。

3 其他婚纱礼服辅料

婚纱礼服的其他辅料有装饰手工花、钉珠、珠片、珠管、鱼骨、隐形拉链等，如图 4-26 所示。

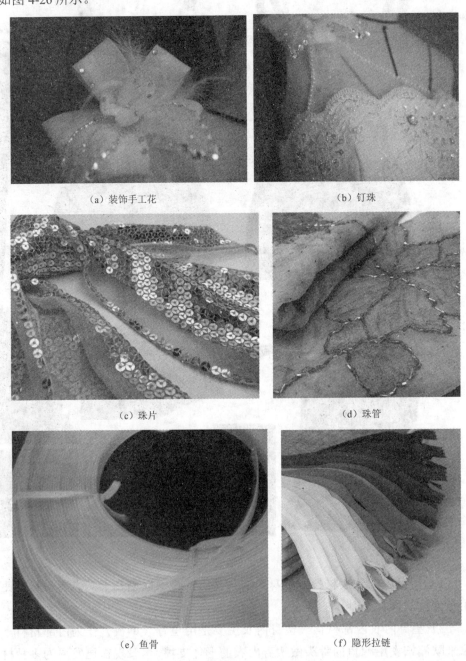

(a) 装饰手工花　　　　　　　　　　(b) 钉珠

(c) 珠片　　　　　　　　　　(d) 珠管

(e) 鱼骨　　　　　　　　　　(f) 隐形拉链

图 4-26 其他婚纱礼服辅料

婚纱礼服的设计制单案例如表 4-3 所示。

表 4-3   婚纱礼服设计制单案例

品 名	A 型礼服	款 号			设计者		开发季度	

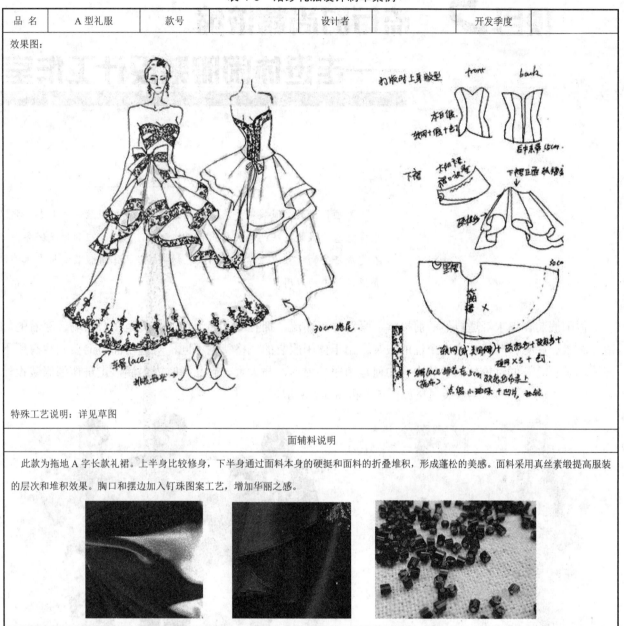

特殊工艺说明：详见草图

面辅料说明

此款为拖地 A 字长款礼裙。上半身比较修身，下半身通过面料本身的硬挺和面料的折叠堆积，形成蓬松的美感。面料采用真丝素缎提高服装的层次和堆积效果。胸口和摆边加入钉珠图案工艺，增加华丽之感。

任务拓展

其实在服装业，服装高级定制算是一个古老的制作方法。从裁缝这个职业诞生之日起，服装都是根据个人量体裁衣，然后由裁缝根据尺寸定做，不同的人有不同的做法，因此，一般来说，每件服装都是个性化的。在婚纱礼服高级定制市场，每一年各大奢侈品牌都会推出"高定"系列。请你调研今年新一季度 Vera Wang 品牌推出的新品，提取三个新的款式，并制作相应的设计制单。

项目 5 流行时尚精浓缩
——走进休闲服装设计工作室

项目简介 ☞

本项目借助"服装买手店"的相关资料，模拟服装买手职务，要求学生基于服装买手的相关知识和工作职务，完成相应的情境任务。在完成任务的过程中，学习休闲服装材料知识，掌握服装材料在休闲服装设计中的应用。

休闲服装在追求舒适自然的前提下，紧跟时尚潮流，拥有广泛的消费群体，是在公众场合穿着的舒适、轻松、随意、时尚、富有个性的服装。由于休闲服装的风格特性不同，对选用面料的要求也有所不同，本项目将共同讨论休闲服装中该如何运用服装材料，与大家一起品味时尚内涵，走进休闲服装设计工作室。不同品牌的休闲服装风格如图 5-1 和图 5-2 所示。

图 5-1 品牌休闲服装（一）

图 5-2 品牌休闲服装（二）

▌项目导入

沙溪镇：休闲服装之乡 GDP 首破百亿

现在提到沙溪镇，必定离不开休闲服装。经过多年的发展，休闲服装成了沙溪的符号，沙溪引领着休闲服装的发展。如今，沙溪镇休闲服装业设施完善、企业众多、资讯发达、行业配套、物流顺畅，体现了鲜明的产业集群特色。

1. 从基地变身为强镇

早在改革开放初期，沙溪镇抓住机遇，以服装产品为载体，便已开始了"三来一补"的贸易形式，大量民营服装生产商应运而生。多年的发展，为整个服装产业打下了坚实的基础。沙溪休闲服装产业传播了休闲流行文化和休闲服装概念，推进了产业的技术开发与管理创新，带来了中国休闲服装产业对产品、市场、质量等认识的改变。

根据珠三角经济圈的特点和中山市"组团规划、特色发展"的思路以及沙溪镇的实际，沙溪确立"基地—名镇—强镇"的发展思路，即以休闲服装产业为特色产业，实现由休闲服装基地到休闲服装名镇再到休闲服装强镇的转变。

2. 从中低档向高端服装转型

"休闲服装看沙溪"，经过数十年的发展，沙溪镇从名不见经传到为人们所熟知。目前，沙溪的竞争优势还是主要体现在中低档服装上，而服装产业未来的发展方向则必须摒弃原有低成本、粗放型的发展模式，走高端服装发展之路。

沙溪也深刻认识到这种发展趋势，2013 年，转型升级依旧成为沙溪的头等大事。在产业转型升级的变革路上，沙溪将大范围提升、包装、宣传产业文化，引领和传承"休闲服饰文化"和"经典红木家具文化"，为产品开发提供创新元素，为产业升级提供转型思路。

3. 从传统产业走向产业融合

2014 年，沙溪启动建设创意产业大平台——"中国·沙溪休闲服装创意园"，试图用创意为传统服装产业注入内涵。创意园占地总面积达 80 余亩，建筑面积 10 万 m²。该创意园的第一期已经完工，将建成拥有"一个基地，三个中心"，即服装专业实训基地、纺织品检测中心、中山市休闲服装工程研究开发中心、服装电子商务营运中心。届时，沙溪将成为服装产业的"洼地"和"聚宝盆"。

中国休闲服装名镇的特色品牌同样带动了沙溪旅游产业的发展。2014 年，面对国内外严峻复杂的经济形势，沙溪依旧取得了不俗的成绩：全镇生产总值 100.3 亿元，首次突破百亿元，增长 11.1%；第二、第三产业增加值分别为 54.84 亿元和 43.16 亿元，增长 5.9%和 19.2%，规模以上工业增加值 45.8 亿元，增长 14.5%；更令人惊喜的是，沙溪规模以上企业支柱作用明显，占工业总产值 87.26%，其中服装业占工业产值 72.9%。柏仙多格、通伟等一批企业危中寻机，逆势扩张，实现增资扩产。

任务 5.1　识别休闲服装

【任务情境】　　　假设你是某休闲服装工作室设计部的一名实习买手。在试用期内，你需要学习的内容包括岗位的职责和内容、休闲服装的基本知识等。上司希望你能在试用期内有好的表现，不断提升自己的工作能力并掌握更多的知识。

【任务目标】　　　· 了解休闲服装企业买手岗位要求和职能；

- 了解休闲服装基本知识；
- 通过市场考察，制作休闲服装材料案板。

【任务关键词】 服装买手 休闲服装的定义 休闲服装的分类 休闲服装材料案板

【任务解析】 上司为了让工作室新员工尽快熟悉休闲服装的内容，要求你先了解自己的工作职责和内容，然后要求你了解休闲服装的相关知识，了解休闲服装设计中常用的材料，了解材料的运用，通过总结制作休闲服装材料案板。

【任务思路】 了解岗位要求—了解岗位职责—了解休闲服装基本知识—课程实践

理论与方法

买手的工作是往返于各地，关注各种信息，掌握大批量的信息和订单，不停地和各种供应商联系，并且组织货源，满足不同消费者的需求。

1 休闲服装买手岗位要求

1）服装相关专业，具备服装搭配、色彩分析、货品结构管理、商品采买计划制订等相关专业知识。

2）能吃苦耐劳，有较强的沟通能力、执行能力，有良好的职业操守。

3）流行触觉敏锐，有较好的审美素养，善于服饰搭配。

4）具有较强的统筹规划能力，能够针对公司的目标客户群体以及品牌定位整合各类资源。

2 休闲服装买手岗位职能

1）前往各大市场为公司挑选并买板，分析时尚流行信息，判断市场流行趋势，制订及实施每季女装买货计划，控制货品结构、款式挑选、产品搭配、尺码配比、买货数量等。

2）根据公司的品牌定位和产品总监的企划方案，选购相符的服装产品。

3）精通服装搭配，掌握服装陈列技巧及展示方式。

4）成本意识强，了解面辅料工艺及成分，了解服装成本构成及工艺制作。

3 休闲服装的定义

休闲服装是运动服和生活服的结合，是用于公众场合穿着的舒适、轻松、随意、时尚、富有个性的服装。休闲服装的特点是必须能够承受得起长时间的日晒和汗水的侵蚀，吸汗通气，色泽持久，耐磨，造型宽松舒适。

4 休闲服装的分类

人们在休闲场合时，一般穿着的服装款式有运动装、牛仔装、T恤衫、连衣裙等，甚至男士西服也可以做成休闲装，一般会选用相对休闲的面料。休闲服装根据穿着场合的不同，可以分为时尚休闲装、运动休闲装和职业休闲装。

1）时尚休闲装（如图 5-3 所示）。时尚休闲装是人们在日常闲暇生活中穿着最多的服装，具有舒适、随意、时尚的特点，穿着者还可以根据自己的喜好搭配出富有个性的风格，牛仔服是最常见的时尚休闲服装之一。

图 5-3　时尚休闲装

2）运动休闲装（如图 5-4 所示）。运动休闲装具有明显的功能作用，设计时偏重于方便穿着者运动，具有良好的自由度、功能性和运动感。常见的运动休闲装有全棉 T 恤、涤棉套衫等。

3）职业休闲装（如图 5-5 所示）。职业休闲装既可以在商业会谈与工作时穿着，又可以在日常闲暇生活中穿着，摆脱了职业装平日压抑呆板的风格。常见的职业休闲装有条纹 POLO 衫、休闲款西裤、休闲西服、格纹毛衫等。

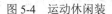

图 5-4　运动休闲装　　　　　　　图 5-5　职业休闲装

实践与操作

休闲服装面料案板如图 5-6 所示。

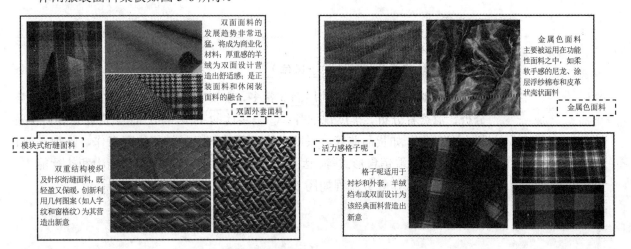

图 5-6　休闲服装面料案板

任务拓展

经过一周的工作，你对休闲服装使用的材料有了一定的了解，现在请你运用所学到的知识，制作一份休闲服装材料案板。你要注意以下几点。

1）根据你在工作的这段时间内学到的东西，把休闲服装材料知识进行归纳整理。

2）休闲服装材料案板包括面料、辅料两个部分。

3）参考任务实施中的休闲服装面料案板进行制作。

任务 5.2 把握服装面料在休闲服装设计中的应用

【任务情境】   你在任务 5.1 中的出色表现，使你顺利地通过了试用期。当前公司正在研发今年的秋冬服装产品，你将以买手的身份参加各品牌的发布会，你需要根据公司的定位，选购符合市场消费者需求的服装产品。

【任务目标】
- 了解休闲服装设计部工作流程；
- 掌握休闲服装的设计要点；
- 掌握休闲服装设计中常用面料的特性和适用性；
- 掌握休闲服装面料的使用方法，进行实践搭配。

【任务关键词】   部门工作流程 休闲服装设计要点 休闲服装面料 大货生产单

【任务解析】   你以买手的身份参加了各场产品发布会后，就要根据公司的品牌定位选购相符的服装产品。目前你要根据今年服装面料的流行趋势，给相关的服装产品进行面料搭配。因此，你需要熟练掌握休闲服装面料基本知识。

【任务思路】   了解工作流程—学习休闲服装设计要点—学习休闲服装面料—课程实践

理论与方法

1 设计部业务流程（买手岗位）

买手的岗位工作涉及的层面非常多，主要包括：①前期工作，如流行趋势分析、消费者分析、季度规划等；②采买前的工作，如产品上货计划等；③采买中期工作，如货品监管、采购、搭配采购等；④销售终端工作，陈列搭配、销售计划、终端销售形式等。因此，买手必须具有较强的沟通能力和执行能力。设计部具体工作业务流程如图 5-7 所示。

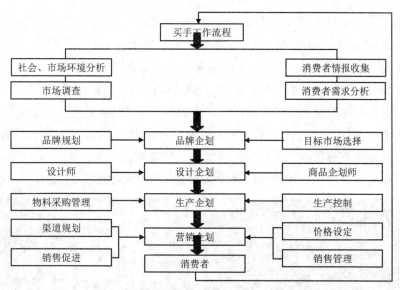

图 5-7 设计部业务流程图（买手岗位）

2 职位提示

作为一个买手，不但要求具有敏锐的流行触觉，善于把握流行趋势方向，能到各大市场为公司挑选并买板，而且还必须具有较强的成本意识，懂得进行面料、辅料搭配，控制产品的成品。因此，作为一个买手，必须具备相应的休闲服装面料、辅料知识，懂得在休闲服装里如何正确使用服装材料。

实践与操作

1 休闲服装设计要点

休闲服是用于公众场合穿着的舒适、轻松、随意、时尚、个性的服装，设计师在进行休闲服装设计时，应考虑消费者的年龄和产品的风格，根据休闲服装的种类选择面辅料。

（1）时尚休闲装（如图 5-8 所示）

1）服装特点。时尚休闲装具有以下特点：①时尚休闲服装的设计是在追求舒适自然的前提下，紧跟时尚潮流方向，常是年轻人为了追求个性、时尚的主要着装；②牛仔服装以粗犷、洒脱、随意、舒适的靛蓝畅行不衰，给人以轻松自如、休闲愉快的感觉。

2）穿着场合。时尚休闲装主要用于逛街、购物、走亲访友、娱乐休闲等场合穿着。

3）设计要点。时尚休闲装的设

图 5-8 时尚休闲装

计要点如下：①年轻人在休闲服装中更多地关注时尚的元素，款式设计应考虑消费者追求多元化的需求，也要考虑服装的机能性和组合性；②色彩的选择上要根据流行色的趋势，及时反映流行趋势，抓住消费者心理。

4）面料选配原则。时尚休闲装面料选配原则如下：①无论是机织、针织面料，还是裘皮、皮革面料，或是涂层、闪光面料，经过特殊处理后，都可作为时尚休闲服装的面料，体现服装的时尚与前卫；②纯棉斜纹布以其粗犷、厚实、坚固的特点而永久不衰，由于全棉织物透气性、吸湿性好，穿着舒适，在夏天也有许多人还穿着中厚型牛仔裤。时尚休闲装常选用的面料如图5-9所示。

（a）牛仔面料　　　　　　　　　　　　　（b）针织面料

图5-9　时尚休闲装选用面料

图5-10　运动休闲装

（2）运动休闲装（如图5-10所示）

1）服装特点。在现代生活中，人们在空闲的时间里通过参加体育锻炼、外出旅游来调节自己的工作压力，这种生活方式使运动休闲服装产生了，它将运动与休闲完全相融，这样的服装更注重轻便性与实用性。

2）穿着场合。运动休闲装主要在体育锻炼、外出旅游等户外场合穿着，既方便运动，又时尚美观。

3）设计要点。运动休闲装的设计要点如下。①运动休闲装主要在户外和运动时穿着，因此款式不宜过于复杂，应便于穿着者的肢体活动和长时间穿用；②应考虑便携性，款式设计最好采用多用型、组合型，一衣多用，结构上要便于折叠和存放；③在户外时，衣服的口袋有重要的作用，用于存放物品，但要注意避免物品掉落出来；④色彩配置以明快、亮丽为主，且要耐脏、耐晒。

4）面料选配原则。运动休闲装面料选配原则如下：①由于服装具有运动性，主要选用透气、轻柔、耐磨、轻薄、保暖、防水的机织、针织面料；②应适用于旅行中穿着，面料选用易洗快干又便于折叠存放的面料，也应注重防水透气、弹性、轻便与宽松。运动休闲装常选用的面料如图5-11所示。

（a）针织面料

（b）防水面料

图 5-11 运动休闲装选用面料

（3）职业休闲装（如图 5-12 所示）

1）服装特点。职业休闲装既有职业装的稳重、优雅、简洁，又有休闲装的轻松、随意、个性。

2）穿着人群。职业休闲装常用于白领阶层、企业领导人、艺术家等人群的装扮。

3）设计要点。职业休闲装设计上应以简洁、线条自然流畅的款式为主，如随意的外套、休闲西裤、传统的牛仔裤、简洁素雅的短裙和套装等，色彩多为中间色、粉色和自然色系列，面料图案应含蓄、雅致、大方。

4）面料选配原则。职业休闲装面料以天然纤维构成的机织、针织面料为主，也可以采用无纺布、裘皮、皮革等面料。职业休闲装的面料选择更广泛，可以打破传统职业装

图 5-12 职业休闲装

的面料，选择风格休闲的面料，图案也可选择波点、条纹等较随意图案。职业休闲装常选用的面料如图 5-13 所示。

（a）格纹面料

（b）皮革面料

图 5-13 职业休闲装选用面料

2 休闲服装常用面料

（1）时尚休闲装

时尚休闲装的穿着范围非常广，穿着者在追求穿着舒适自然的前提下，希望能体现出个性和前卫来。因此，除了常用的一些棉类面料外，还会使用一些

能表现出服装时尚、前卫、个性的面料，如皮革、麻、特殊面料等。

1）平纹类棉型织物。平纹类棉型织物采用平纹组织编织，织物挺括坚牢，比同规格的其他组织织物耐磨性好，强度高，布面匀整且正反面相同，如图5-14所示。

图5-14　平纹类棉布

2）麻面料。麻面料具有柔软舒适、透气清爽、耐洗、耐晒、防腐、抑菌等特点，但麻料服装穿着不甚舒适，外观较为粗糙、生硬。麻面料一般用于制作裙子、夏天外套、夏天上衣等服装。麻料服装与面料如图5-15所示。

图5-15　麻料服装与面料

3）牛仔面料。牛仔面料风格粗犷、朴实，穿着舒适，经洗耐穿，色彩自然，通过水洗、石磨洗、漂洗、生物洗等方式处理后将赋予牛仔面料不同的感觉，如图5-16所示。

图5-16　牛仔面料

4）皮革面料。常见的皮革面料有天然皮革和人造皮革。天然皮革成本高、价格贵，主要用于制作高级服装；而人造皮革价格低，常用于代替天然皮革材料。皮革面料常用于秋冬外套、裤子、局部搭配等，如图 5-17 所示。

图 5-17　皮革服装

5）特殊面料。设计师常会在服装上使用一些特殊面料来体现个性和前卫，如涤盖棉（荧光面料）、反光面料、金属丝面料等，如图 5-18 所示。

图 5-18　特殊面料服装

（2）运动休闲装

运动休闲服装要求面料具有透气、轻薄、弹性、保暖、防水等特性，使人体表面的汗液能够通过服装迅速扩散，蒸发到空气中，并使服装保持干爽，使人感觉舒适。常用的面料有针织棉、涤纶、锦纶等。

1）针织棉面料。针织棉面料吸湿性好，手感柔软，穿着卫生舒适，适合制作裤子、外套、T恤等运动休闲服装，如图 5-19 所示。

2）锦纶。锦纶具有轻柔保暖、导湿干爽、卫生抗菌等优良特性，但不耐晒，

图 5-19　针织棉面料运动休闲服装

易老化。锦纶面料运动休闲服装如图 5-20 所示。

　　3）涤纶。涤纶具有结实耐用、弹性好、不易变形、耐腐蚀、绝缘、挺括、易洗快干等特点，运动型的校服常采用该面料，如图 5-21 所示。

图 5-20　锦纶面料运动休闲服装　　　　　　　图 5-21　涤纶面料运动休闲服装

　　（3）职业休闲装

　　正装职业装一般都是纯毛面料，或是含毛比例比较高的混纺面料，而职业休闲装的面料就有多种选择了，如麻、皮、棉、真丝等。另外，职业休闲装的面料图案也非常丰富，如格子、条纹、圆点等。常见的职业休闲装如图 5-22 所示。

图 5-22　职业休闲装

任务拓展

经过一段时间的工作，你对部门的工作有了一定了解，现在请你运用所学的知识，设计时尚休闲装、运动休闲装、职业休闲装各一款。你要注意以下几点。

1）认真分析休闲服装面料的特性，分析面料的适用性。

2）色彩、款式要根据不同类型休闲装的特点进行设计。

任务 *5.3* 把握服装辅料在休闲服装设计中的应用

【任务情境】　作为一名买手，除了要掌握面料知识，还需要掌握辅料知识，帮助设计师进行辅料搭配，合理选择辅料，控制产品的成本。目前你所买的板已经确定好了面料，下一步工作是帮助设计师根据设计需求搭配辅料。

【任务目标】
- 了解大货生产单的内容并学会制作大货生产单；
- 掌握休闲装辅料的使用要点；
- 掌握休闲装设计中常用辅料的特性和适用性；
- 掌握休闲装辅料的使用方法，并进行实践搭配。

【任务关键词】　服装大货单　休闲服装辅料的运用　休闲服装常用辅料

【任务解析】　设计部根据你从市场买回来的服装板进行了设计，目前面料已经确定，辅料未进行搭配。根据下一步工作安排，你需要帮助设计部进行设计搭配，完成产品的生产。辅料搭配需要符合产品设计要求，合理控制成本。

【任务思路】　了解服装大货生产单—学习休闲服装辅料的应用—休闲服装常用辅料—完成休闲服装大货生产单

理论与方法

1 服装大货生产单的含义

当企业接到大货订单后，一般首先会与客户进行详细沟通，填写大货生产单，确定客户要求。单中详细记录了客户需要的款式，以及款式的颜色和需要的数量，如客户有特殊要求，也会记录下来。另外，大货生产单中还会记录产品的工艺要求，包括面料、辅料的样板或货号。

2 服装大货生产单的主要模块

服装大货生产单中的主要信息包括客户信息、生产负责人、生产信息、工艺要求等，内容信息都是根据客户要求填写的，填写内容务必符合客户需求。

1）客户信息。客户信息是指需要批量购买产品的买家信息，包括客户所在企业、联系方式、姓名，该信息有助于生产过程中及时与客户联系沟通。

2）产品信息。产品信息是指客户所需要的产品信息，包括产品的款式号、所需颜色及数量、规格尺寸。

3）生产信息。生产信息是指生产过程中的相关信息，如生产日期、出货日期、负责人、设计、纸样、裁剪要求等。每个环节应记录负责人，在生产过程中若出现问题，可及时寻找问题的出处或相应负责人。

4）工艺说明。工艺说明是指产品的工艺缝制要求、面辅料的使用要求等。工艺要求包括一些特殊部位的处理及特殊工艺处理等。面辅料信息包括面辅料小样、数量、颜色等信息。

3 服装大货生产单样式

服装大货生产单的样式如表5-1所示。

表5-1　×××公司大货生产明细表

客户：××服饰			联系人：彭××		联系方式：137××××××××	
款号：A087～2					制单日期：201×年×月×日	
尺寸表/cm					出货日期：201×年×月×日	
部位	S		M	L	纸样师：李×	
裙长	76		77	78	款式图：	
肩宽	36		37	38		
胸围	88		92	96		
袖长	58		59	60		
工艺说明：	1. 一片式翻领，领边压0.7cm明线 2. 左右各一个单嵌带，袋边压明线 3. 下摆内折2cm，压明线 4. 袖山有一褶					
下 单 数 量 明 细						
颜色	S		M	L	小计	
白	100		300	100	500	
黑	100		300	100	500	
总计：					1000	
工 艺 说 明						
面料		料率	备注		辅料	
主料：H006-2 呢				主唛：		

续表

配料：U9877-8 纸朴			码标：
里料：G986-5			拉链：
面料小样			橡筋线：
			洗水唛：
			挂衣带：
			隐形耳仔：
			吊牌：
			包装袋：
			透明调节带：

实践与操作

1 辅料在休闲服装设计中的运用

辅料在休闲服装设计中起到了非常重要的作用，除了要考虑辅料本身的安全性以外，还要考虑辅料的实用性、装饰性。例如，一些绳带、纽扣等的使用，不但起到固定的作用，还可以用于装饰。

（1）功能性、实用性

服装辅料，无论对于产品的内在质量还是外在质量都有着非常重要的影响。毋庸置疑的是，无论哪一种服装辅料都属于产品的细节，细节往往就能决定一件纺织服装产品的命运。

休闲服装设计中实用性辅料有拉链、里料、纽扣、绳带等，如图 5-23 所示。

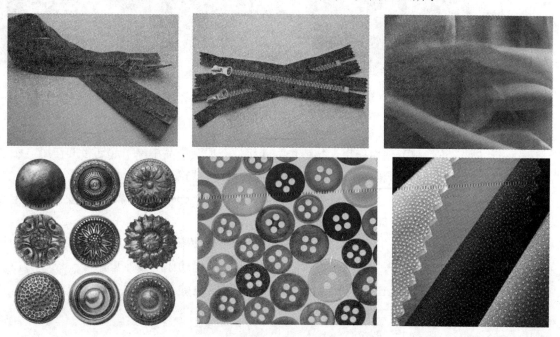

图 5-23　休闲服装设计中常用功能性辅料

（2）装饰性、艺术性

目前，我国服装辅料行业已经具有了相当规模，专业化水平越来越高，产品种类也越来越多。随着消费者需求的改变，纺织服装辅料正从"实用功能"转向"时尚装饰功能"。辅料的设计也已经开始融入服装整体设计，成为时尚、流行的关键元素。服装辅料从造型、色彩上更注重美观。例如，纽扣直接影响服装的质量，对提高服装的档次起着至关重要的作用；拉链的装饰性和艺术性甚至超过它的实用性，成为拉链产品在服装服饰行业发展的新方向。

2 休闲服装常用辅料

在休闲服装设计中，常用的装饰性辅料有拉链、徽章、纽扣、绳带、织带、蕾丝、钻等，如图5-24所示。

图5-24　休闲服装设计中常用装饰性辅料

（1）拉链

1）使用作用。拉链作为连接件在服装产品中除了起连接的作用，还可以起到很好的装饰作用，如与面料撞色搭配、局部装饰等。

2）适用范围。拉链在外套、休闲裤、裙子等服装上起连接和装饰作用，也可用于局部装饰。

3）常用类型。金属拉链（常用于时尚休闲装外套、牛仔裤等）、尼龙拉链（常用于裙子、裤子等）、树脂拉链（常用于运动休闲装外套等）。

拉链在休闲服装设计中的运用以及拉链在休闲服装设计中起装饰作用的样例如图5-25所示。

（2）纽扣

1）使用作用。纽扣用于服装的连接，更重要的是承担着装饰作用。一件休

（a）拉链在休闲服装设计中的运用

（b）拉链在休闲服装设计中的装饰作用

图 5-25 拉链应用样例

闲服在几颗纽扣的巧妙点缀下，会显得与众不同。

2）适用范围纽扣常用在外套、衬衫、裤子、裙子、T 恤等服装上，起连接和装饰作用，也用于局部装饰。

3）常用类型。金属纽扣、树脂纽扣、木头纽扣、包布纽扣等。牛仔服装常用金属扣中的四合扣、工字扣（俗称牛仔扣）等。

纽扣在休闲服装设计中的运用以及纽扣在休闲服装设计中起装饰作用的样例，如图 5-26 所示。

（a）纽扣在休闲服装设计中的运用

图 5-26 纽扣应用样例

（b）纽扣在休闲服装设计中的装饰作用

图 5-26 纽扣应用样例（续）

（3）绳带

1）使用作用。绳带在满足实用功能的同时也起到一定的装饰作用。绳带在现代服装设计中使用的范围极其广泛，可起到画龙点睛的作用。

2）适用范围。绳带常用于外套帽子、腰部，裤子腰头、脚口等部位，也用于局部装饰。一般时尚休闲装、运动休闲装运用较多。

3）常用类型。通常，圆身的编织物叫绳，而扁身的编织物叫带。常用的绳带有棉织绳带、尼龙绳带、涤纶绳带等。

绳带在休闲服装设计中的运用如图 5-27 所示。

图 5-27 绳带在休闲服装设计中的运用

（4）其他辅料

1）撞钉、铆钉。常用于牛仔服设计，表现出牛仔面料的粗犷风格，如图 5-28 所示。

2）魔术贴。常用在外套下摆、袖口，裤子脚口等部位，方便穿者根据自己的形体进行调整，如图 5-29 所示。

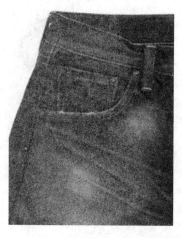

图 5-28   撞钉、铆钉在牛仔服上的运用

3）橡皮筋。常用于外套下摆、袖口，裤子脚口、腰头等部位，在运动休闲服装中出现较多，如图 5-30 所示。

4）织带、蕾丝。常用于休闲服装局部的装饰，如图 5-31 所示。

5）罗纹。一般常用于休闲服装中针织衫的下摆、袖口、领子等边口部位以及其他容易拉伸的地方，如图 5-32 所示。

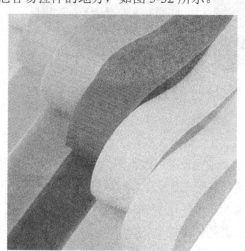

图 5-29   魔术贴在休闲服装设计中的运用

图 5-30   橡皮筋在休闲服装设计中的运用

图 5-31 织带、蕾丝在休闲服装设计中的运用

图 5-32 罗纹在休闲服装设计中的运用

任务拓展

在任务 5.2 中，你已根据上司的要求设计了三款不同类型的休闲服装，现在你要对所设计的款式进行修改，增加辅料进行细节设计，但你需要注意以下几点。

1）认真分析各种休闲服装辅料的特性，了解辅料的适用性。

2）使用辅料时，应考虑不同类型的休闲服装的特点。

3）把完成的款式设计绘制到大货生产单中。

项目 **6** 环保天然饰童真
——走进童装设计工作室

项目简介 ☞

本项目借助国家质量监督检验检疫总局（以下简称国家质检总局）发布的首个"中国城市童装安全消费状况调查"报道，模拟产品安全质检员职务，要求学生基于童装辅料知识、设计基础知识，完成相应的情境任务。

五彩缤纷的儿童世界，充满了梦幻与趣味，儿童渴望拥有色彩丰富、款式有趣的服装，但由于其生理特性，身体尚未发育完全，加之活泼好动、皮肤敏感等原因，服装既要遮体御寒，更要保护身体，免受外界伤害。因此，童装更应关注其舒适性、安全性，童装设计师在设计中不但要考虑童趣与生理、习性的有机结合，也要考虑功能与时尚并重，符合时装潮流而又不失童真。不同品牌童装样例如图 6-1 和图 6-2 所示。

图 6-1 西瓜太子品牌童装　　　　　图 6-2 嗒嘀嗒品牌童装

▌项目导入

调查结果显示，八成家长不懂童装安全，多注重面料手感

在 2013 年"六一"国际儿童节临近之时，国家质检总局发布了我国首个"中国城市童装安全消费状况调查"结果。在调查中，国家质检总局缺陷产品管理中心通过对北京、上海、广州、西安、郑州 5 个城市中 3～12 岁年龄段儿童的 4551 名家长以问卷形式进行调查，结果显示，绝大多数家长购买童装时首先考虑的因素是面料手感，其次才是安全性，价格则排在第三位。

调查结果称：被调查的家长中对童装的几项主要安全技术标准知晓率仅为12%～20%；对各项有关童装安全知识的知晓率仅为10%～18%；对存在安全隐患的童装给孩子带来的后果不甚了解的比例高达40%；对不合格童装中的超标化学物质对身体造成的危害不甚了解的比例高达35%；对近年来儿童意外伤害中涉及绳带童装的媒体报道不甚知晓的比例高达42%。

广大家长对童装安全知识知之甚少，但与此同时，在童装使用时出现伤害事件或危险的比例却高达4%，童装被检出问题也时有发生。据有关专家介绍，可分解芳香胺染料是家长需要防范的头号隐患，含有这种染料的衣服穿的时间长了会致癌，它的潜伏期一般是20年，危害性极大。所以，我国严禁使用可分解芳香胺染料，一旦查出这种产品坚决不允许销售。

此外，童装中甲醛超标问题出现频率更高。

横向比较童装产品安全的各个方面，化学物质的关注度为47.5%，绳带危害的关注度为26.3%，附件牢固性的关注度为24.2%。以绳带童装为例，尽管绳带等装饰物容易引发儿童安全事故，但家长对此关注度并不高。调查指出，有57%的家长没有对可能有安全隐患的绳带童装进行处理；没有处理的原因是，有44%的家长不知道要处理，有56%的家长知道要处理，但认为没必要。

通篇调查报告中，与"家长"二字一同出现概率最高的词语是：不知道、不了解、没必要。调查结果报告长达3页，最后列出结论两条：一是家长对童装安全知识掌握太少；二是防范童装伤害，需要全社会共同努力。

任务 6.1 识 别 童 装

【任务情境】 假设你现在是某童装工作室质检部门的一名新员工，在试用期内，上司要求你跟随检测部门经验丰富的老员工学习，学习内容包括岗位的职责和内容、童装基本知识等。上司希望你能在试用期内有好的表现。

【任务目标】
- 了解童装企业质检员岗位的要求和职能；
- 了解童装的特点、分类；
- 制作童装材料案板。

【任务关键词】 童装质检员 童装定义 童装分类 童装面料案板

【任务解析】 在本次任务中，首先，你要熟悉自己的工作内容和职能，尽快进入工作状态；其次，你要了解童装相关的基本知识；最后，通过市场调查，了解童装材料，并制作童装材料案板。

【任务思路】 了解岗位要求—了解岗位职责—了解童装基本知识—市场调查—制作童装材料案板

理论与方法

1 童装检测员岗位要求

1）具备一定的服装材料知识并掌握童装材料运用的基本知识。

2）具有生产制作及品质控制经验，熟悉制衣厂工艺生产流程。

3）具有较强的沟通协调能力及人际关系处理能力，有责任心和较强的自控能力。

2 童装检测员岗位职能

1）能够独立进行半成品的多次抽查与巡查，并根据标准编写检测报告。

2）及时反馈检测结果，做好跟进工作，并提出改善建议，确保工厂中存在的质量问题得到及时有效的解决。

3）负责加工过程中产生的各项资料的保管和归档工作。

实践与操作

1 童装的定义

童装，指的是 16 岁以下儿童穿的衣服，即儿童服装。按照年龄段分，包括婴儿服装、幼儿服装、小童服装、中童服装、大童服装和少年装；按照衣服的类型分为连体服、外套、裤子、卫衣、套装、T 恤衫等。

由于儿童存在着心理不成熟、好奇心强、没有行为控制能力或行为控制能力弱、身体发育较快等特点，所以童装在设计上更强调装饰性、安全性和功能性。

2 童装的分类

由于童装的年龄段跨度较大，从 0～16 岁，为了让购买者更好地挑选服装，可把童装按照年龄划分为不同的类型，如表 6-1 所示。不同类型的童装样例如图 6-3 所示。

表 6-1　童装类型分类

类型	年龄		儿童特点
婴儿装	0～1 岁		皮肤细嫩，头大体圆，乱撒乱拉
幼儿装	1～3 岁		活泼好动，肚子滚圆，大腹便便，憨态可掬
儿童装	小童	3～6 岁	生长迅速，手脚增长，调皮好动，有自我主张
	中童	6～9 岁	
	大童	9～12 岁	
少年装	12～16 岁		身体发育变化很大，性别特征明显

（a）婴儿装

图 6-3　童装样例

（b）幼儿装

（c）儿童装

（d）少年装

图6-3 童装样例（续）

3 服装产品等级分类

服装产品可分成 A、B、C 三类标准：A 类，婴幼儿用品；B 类，直接接触皮肤的产品；C 类，非直接接触皮肤的产品。

A 类（婴幼儿用品）：婴幼儿纺织产品应符合 A 类要求。服装安全检测标准规定，年龄在 36 个月及以下的婴幼儿穿着或使用的纺织产品，如尿布、内衣、围嘴儿、床上用品等，必须在使用说明上标注"婴幼儿用品"字样。

B 类（直接接触皮肤的产品）：直接接触皮肤的纺织产品至少应符合 B 类标准。这类纺织产品指的是在穿着和使用时，产品的大部分面积直接与人体皮肤接触，如内衣、衬衣、T 恤、裙子、裤子、袜子、泳衣、帽子等。

C 类（非直接接触皮肤的产品）：非直接接触皮肤的纺织产品至少应符合 C 类标准，如冬天穿的厚外套、大衣、羽绒服、厚裤子等。

服装产品等级分类会在成品"吊牌"上给出，如婴儿服装"吊牌"样例如图 6-4 所示。

图 6-4　婴儿服装"吊牌"

4 童装面料案板

童装面料案板如图 6-5 所示。

钩针编织面料

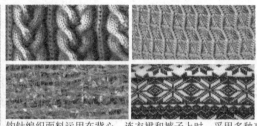

钩针编织面料运用在背心、连衣裙和裤子上时，采用多种亮丽的色调或单调的土色系色

格子棉布

双色调彩色编织格子布成为简约的西部风格主题的精髓

蕾丝

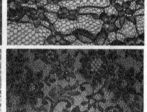

蕾丝成为比较重要的面料，同时可以叠搭于其他面料之上，展现出复古的浪漫主义气息

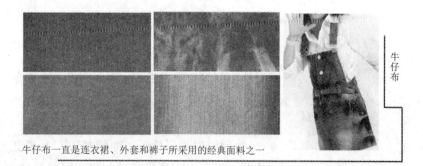

牛仔布

牛仔布一直是连衣裙、外套和裤子所采用的经典面料之一

图 6-5　童装面料案板

任务拓展

经过一周的工作，你对童装使用的材料有了一定的了解，现在请你运用学到的知识，制作一份童装材料案板。你要注意以下几点。

1）通过市场调研，把童装常用面料、辅料进行归纳整理。

2）参考任务实施中的童装材料案板进行制作，包括面料案板、辅料案板两个部分。

任务 6.2　把握服装面料在童装设计中的应用

【任务情境】　　假设你成功地通过了试用期，成为检验部的一名正式员工。当前公司正在进行 2016 年秋冬产品研发，公司采购部已采购了部分面料，各部门正在紧张地进行服装款式设计，你需要对面料进行检测，为设计部提供设计建议。

【任务目标】
- 了解童装质检部工作流程；
- 掌握童装的设计要点；
- 掌握童装设计中常用面料的特性和适用性；
- 掌握童装面料的使用方法，并完成面料搭配工作任务。

【任务关键词】　质检部工作流程　童装设计要点　童装常用面料　童装质检单

【任务解析】　　由于目前公司处于设计"旺季"，部门工作量大增，你要对面料的安全性和适用性进行分析，并把质检报告单上交到设计部。在此过程中，你需要学习童装的设计要点、童装常用面料的特性和适用性。

【任务思路】　　了解检测部工作流程—学习童装面料知识—收集童装常用面料—完成童装质检单（面料部分）

理论与方法

1 质检部门业务流程

（1）童装检验常规工作

检测部门的常规工作主要是对其所负责的衣服订单进行指导和查验，保证公司最终生产的成品质量达到公司及客户的要求。其中检查内容包括面辅料进厂检验、成衣检验。

1）面辅料进厂检验。面辅料进厂后要进行数量清点以及外观和内在质量的检验，符合生产要求才能投产。辅料检验包括辅料的使用安全性、拉链顺滑程度、里料的质量、粘合衬粘合牢度等。对不符合要求的辅料不予投产使用，以便减少生产损失。

2）成衣检验。成衣检验是服装进入销售市场的最后一道工序，在服装生产过程中起着非常重要的作用。该工序检验成衣质量的许多方面，其中包括成衣的安全性检测、成衣的规格尺寸检测、成衣的印花检测等。

（2）质检部门业务流程图

质检部门业务流程如图 6-6 所示。

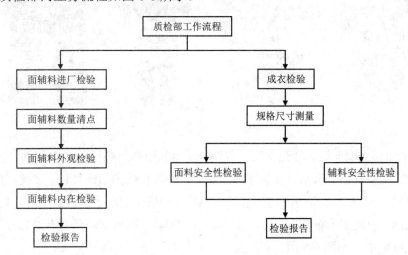

图 6-6　质检部门业务流程图

② 职位提示

由于儿童皮肤和身体的特点，在面料的舒适度、安全性能等方面都有着严格的要求，所以面料的选择十分重要，它不但会影响到产品的质量，还会影响到穿着者的健康。作为一名质检员，应该对面料的质量严格把关，合理地提出面料的使用建议，其工作任务在整个童装生产环节中具有重要的意义。

实践与操作

① 童装设计要点

由于童装穿着者年龄段跨度大，不同年龄段对童装的款式设计也有不同的要求，具体设计要按照年龄段的分类来进行。

（1）婴儿装（如图 6-7 所示）

1）生理特点。婴儿睡眠时间长，体形生长发育快，爱出汗，排便功能不健全。

2）品类特征。连体裤、宽松上衣、开裆裤子、背带裤、背带裙、罩衫、围嘴等。

3）款式设计。婴儿服装款式以造型简单为主，注重服装的保护性、保暖性、实用性。具体如下：①结构无须考虑腰部造型，婴儿的胸围、腰围、臀围几乎没有什么区别。避免过多的分割线缝头对婴儿皮肤的摩擦。②领口应宽松、领高偏低，最好采用无领设计，减少领口与婴幼儿颈部皮肤的摩擦。③前或后开襟应考虑方便把婴儿放入衣内；下裆部门襟要考虑既方便闭合、打开，又能保持卫生。④婴儿服装的材料一般应选择浅色面料，尤其是下装，以便观察大小便的颜色。另外从安全角度考虑，浅色的面料更安全一些。浅色调能给孩子、家庭以温馨、宁静的感觉。⑤花纹图案要小而清秀，可用小花或者小动物图案等。

图 6-7 婴儿服装

4）面料选配原则。婴儿生长发育快，使用的面料不必过于追求其强度，应选择柔软、有弹性、易吸水、保暖性强的面料，最好有适当的透气性，如纯棉面料。手感柔软、温暖、光滑的面料会给婴儿一种犹如母亲的双手抚摸的感觉，能安定婴儿情绪，因此细棉布、针织棉、精纺的毛绒面料等手感柔软舒适的面料广泛应用于婴儿服装中，如图6-8所示。

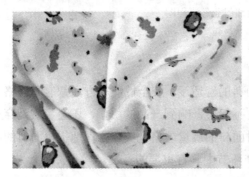

（a）针织棉   （b）毛绒布

图 6-8 婴儿装选配面料

（2）幼儿装（如图6-9所示）

1）生理特点。幼儿的形体特点是头大，颈短而粗，肩窄腹凸，四肢短胖。此阶段的孩子生长迅速，开始学习走路、说话、吃饭、穿脱服装，具有模仿、认识事物的能力，对醒目色彩和活动的东西极为注意，游戏是主要日常活动。

2）品类特征。开裆裤（幼儿早期）、连衣裤（裙）、吊带裤或背心裤等。这些款式的结构有利于幼儿的活动，便于做任何动作，裤、裙也不易滑落。

3）款式设计。具体如下：①幼儿服的结构应考虑实用功能，服装设计应着重于形体造型，少使用腰线，轮廓以方形、A字形为主；②为训练幼儿自己穿脱衣服，门襟开口的位置应设计在正前方位置；③幼儿颈短，为了穿着舒适，在领口处不宜设计烦琐的领型或装饰复杂的花边，领子应平坦且柔软；④口袋多采用贴袋设计；⑤由于幼儿对于醒目的色彩极为注意，色彩上应多采用鲜亮而活泼的对比色；⑥为了增加幼儿服装的装饰性和趣味性，可使用图案装饰或采用仿生设计手法。

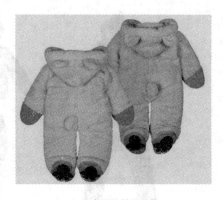

（a）色彩艳丽的幼儿装　　　　　　　　　　（b）仿生设计的幼儿装

图 6-9　幼儿服装

4）面料选配原则。在夏日时，可采用泡泡纱、格纹布、色布、麻纱布等透气性好、吸湿性强的布料，使孩子穿着凉爽；在秋冬季时，适合使用保暖性好、耐洗耐穿的灯芯绒、纱卡等布料。幼儿装选配面料如图 6-10 所示。

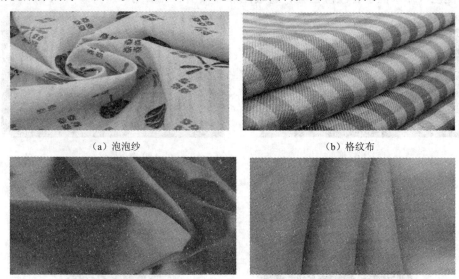

（a）泡泡纱　　　　　　　　　　　　　　（b）格纹布

（c）灯芯绒布　　　　　　　　　　　　　（d）全棉纱卡布

图 6-10　幼儿装选配面料

（3）儿童装（如图 6-11 所示）

1）生理特点。学龄前期（4～6 岁）体型特点是挺腰、凸肚、肩窄、四肢短，胸、腰、臀三部位的围度尺寸差距不大。这个时期的孩子智力、体力发展很快，能自如地跑跳。女孩子开始出现胸围与腰围差，即腰围比胸围细。

2）品类特征。儿童装一般采用组合形式的服装，应具有可调节性和组合性，如上下装分开的套装、两件装等，外套、上衣背心、长裤、短裤等组合搭配。

3）款式设计。具体如下：①这个时期的孩子活动量大，设计时应考虑款式结构的牢固性和运动时的舒适性、方便性；②孩子会与家人一同参加一些礼仪性或娱乐性的活动，应穿着合适的礼服，女孩春、夏季礼服的基本形式是连衣裙；③小、中童服装应用较鲜艳的色彩，主要出于安全和低龄学童的心理考虑，大童服装可降低色彩艳度和纯度。

（a）两件装童装　　　　　　　　　　　（b）裙装

图 6-11　儿童服装

4）面料选配原则。儿童服装面料多以棉织物为主，要求质轻、结实、耐洗、不褪色、缩水性小、吸湿性强、透气性好，如图 6-12 所示。

（a）格纹棉布　　　　　　　　　　　　（b）针织棉布

图 6-12　儿童装选配面料

（4）少年装（如图 6-13 所示）

（a）组合形式少年装　　　　　　　　　　（b）连衣裙

图 6-13　少年服装

1）生理特点。少年期是身体和精神发育成长明显，逐渐向青春期转变的时期。少女胸部开始丰满起来，臀部的脂肪也开始增多；少男的肩部变平变宽，身高、胸围和体重也明显增加。

2）品类特征。少年服装以组合形式服装为主，以满足体育课与课外运动时不宜穿得太厚且方便脱衣的需求。女孩子可选用 H 形、高腰或低腰连衣裙。

3）款式设计。具体如下：①少年逐步接近成年人，懂得不同场合服装的适宜性，款式设计不能过于天真活泼，也不能过于成人化；②由于体形基本发育成熟，在造型与款式的设计上可借鉴成人的形式；③款式应有明确的性别意识划分，以满足少年男女对自身形体美的满足及性别意识的建立。

4）面料选配原则。在面料的选择上，贴身衣服多为棉织物，吸湿、舒适，外衣可采用质轻、结实、耐洗、不褪色的材料，如图 6-14 所示。

（a）圆点棉布　　　　　　　　　　　　　　　（b）牛仔布

图 6-14　少年装选配面料

2 童装常用面料

（1）机织物

1）棉织物。棉织物质地柔软，触感和吸湿性好，织物表面对皮肤无刺激，穿着舒适，如图 6-15 所示。

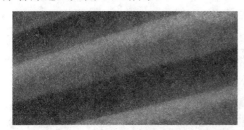

（a）斜纹棉面料

（b）牛仔面料

图 6-15　棉织物

2）麻织物。麻织物的主要原料为苎麻和亚麻，如图 6-16 所示。苎麻织物突出的特点是强度高，吸湿、散湿快，透气性好，具有清爽的感觉和坚固的质地。亚麻织物具有吸湿、散湿快，断裂强度高，断裂伸长小，防水性好，光泽柔和，手感松软等特点。

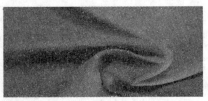

图 6-16　麻织物

3）毛织物。毛织物保暖厚实，多用于儿童秋冬装，如图6-17所示。常用种类有粗纺毛织物（粗花呢、麦尔登、法兰绒、学生呢）、精纺毛织物、长毛呢绒。

图 6-17　毛织物

4）丝织物。真丝织物由蚕丝纺织而成，主要包括桑蚕丝和柞蚕丝，如图6-18所示。常用种类有雪纺、双绉、塔夫绸。

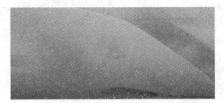

图 6-18　丝织物

5）化纤面料。纯化纤面料（如图6-19所示）具有吸湿性差、穿着闷热、易带静电、易沾污等缺点。用纯化纤面料制作童装，不利于儿童身体健康，应少使用，尤其是儿童内衣。

图 6-19　纯化纤面料

（2）针织物

针织物的伸缩性强，具有保暖、吸湿、舒适、透气、穿脱方便及不易变形等特性，是逐渐流行的一种服装材料，花色品种日益丰富，如图 6-20 所示。制作

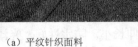

（a）平纹针织面料　　　　　　　　　　（b）珠地面料

图 6-20　针织物

儿童服装的品种有四季可穿用的针织内衣、针织外套，如背心、内裤、裙子、毛衫外套等。

（3）绒面织物

绒面织物表面有绒毛（如图 6-21 所示），主要品种有灯芯绒、平绒、绒布等。绒布布身柔软，穿着贴体舒适，保暖性好，均适宜制作儿童秋冬装。灯芯绒质地厚实，保暖性好。平绒采用起绒组织织制，绒毛丰满平整，质地厚实，手感柔软，光泽柔和，耐磨耐用，保暖性好，经染色或印花后，外观华丽。

图 6-21　绒面织物

任务拓展

经过一段时间的工作，你对部门的工作有了一定了解，请运用学到的知识，设计婴儿装、小童、儿童装各一款。你需要注意以下几点。

1）认真分析童装面料的特性，了解该面料的适用性。

2）色彩、款式要根据儿童年龄段的生理、心理特点进行设计。

任务 *6.3* 把握服装辅料在童装设计中的应用

【任务情境】　　设计部根据你前期提供的面料质检单及建议，已经开发了部分 2017 年秋冬产品，现设计部需要选配辅料。你需要通过学习辅料知识，根据产品要求、儿童生理特点等，为产品选配辅料。

【任务目标】
- 了解服装质检单的内容，并学会制作质检单；
- 掌握童装辅料在设计中的运用；
- 掌握童装设计中常用辅料的特性和适用性；
- 掌握童装辅料的使用方法，并进行实践搭配。

【任务关键词】　　服装质检单　童装辅料的运用　童装常用辅料

【任务解析】　　你在为设计部提供辅料选配建议时，需要掌握辅料在设计中的运用方法、童装中常用的辅料、辅料的安全性和适用性等。希望你通过学习，能尽快为设计部提供合理的辅料选配方案。

【任务思路】　　了解服装质检单—学习童装辅料在设计中的运用—收集童装常用辅料—完成童装质检单

理论与方法

1 服装质检单的介绍

服装质检单是一份反馈服装产品是否合格的检查报告单，质检员根据质检单上的内容对产品进行检查，并把检查结果反馈到相应的部门。

2 服装质检单的主要模块

（1）产品基本信息

产品基本信息是指被检查产品的基本资料，主要包括生产批号、品名、款号、数量、颜色、规格等。产品基本信息一般会设置在质检单的最前面。

（2）检查项目

检查项目一般包括面料、辅料、尺寸、工艺等。面辅料的检查项目主要包括成分、各项指标（有害气体、耐磨性等）、洗水唛、吊牌、纽扣等。

（3）检查结果

检查结果是指质检员对待查产品按照质检单内容进行检查后总结的定论，质检员通过参考各种标准来判断检查内容是否合格。

（4）检查人

检查人包括质检部门负责人和质检员，检查人对最终检测结果核实确认签名，表示对该质检单检查结果负责。

3 服装质检样单

服装质检样单如表 6-2 所示。

表 6-2 服装质检样结果单

单位：×××童装有限公司　　　　　　　　　　　　　　　　　　生产批号：1306-4

品名	女童打底衫	款号	A102-1	款式	长袖高领
颜色	黄色	销售地	中国	检验依据	SN/T 1932.5—2008
检验数量	1件（样衣）	规格	110 码		
面料	95%纯棉，5%氨纶		辅料	40/2 涤纶缝纫线	

规格尺寸/厘米					
尺码号 规格 部位	90	100	110	120	130
后衣长	38	41	43	47	50
肩宽	27	28	29	30	31
胸围	58	60	62	64	66
袖长	35	38	41	44	47

续表

款式：	面料样：	商标、洗水唛、唛头标记：

检验结果：

　　经过检验，该款式所使用材料（面料、辅料）全部符合使用标准，规格尺寸在误差范围内，该样衣检验合格。

验讫日期：2013 年 12 月 20 日

质量负责人：陈×	检验员：彭××
合格 2016 年 12 月 21 日	2016 年 12 月 20 日

实践与操作

1 辅料在童装设计中的运用

　　童装的安全离不开辅料和配件的安全，童装辅料除了实用性与装饰性两大功能之外，还应注意健康、安全、环保等问题。童装中常用的辅料有里料、衬料、线带类材料、紧扣类材料、装饰材料等。

　　（1）里料（如图 6-22 所示）

　　1）材料介绍。里料是相对于面料来讲的，也是用来制作服装的材料，是用于部分或全部覆盖服装里面的材料。

　　2）使用范围。在童装中常用于外套上，不适合用在婴儿服装中。

　　3）选用原则。①里料的性能，如缩水率、耐热性能、耐洗涤、强力等，应与面料的性能相适应；②里料的颜色应与面料相协调，里料颜色一般不深于面料；③里料应光滑、耐用、防起毛起球，并有良好的色牢度。

　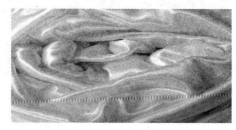

（a）涤塔夫里料　　　　　　　　　　（b）针织里料

图 6-22　里料

　　（2）衬布（如图 6-23 所示）

　　1）材料介绍。根据底布的不同衬布可以分为有纺衬与无纺衬。有纺衬底布是梭织或针织布，无纺衬底布由化学纤维压制而成。

　　2）使用范围。主要用于衣领、袖口、裙裤腰、衣边等部位。

3）选用原则。衬布在童装设计中运用时应注意以下几点：①衬布应与服装面料的性能相匹配，包括衬料的颜色、厚度、悬垂等方面。②衬布应与服装不同部位的功能相匹配。例如，手感平挺的衬料用于裙裤的腰部、脚口，硬挺富有弹性的衬料用于工整挺括的造型。③衬布应与服装的使用寿命相匹配。需水洗的服装则应选择耐水洗衬料，并考虑衬料的洗涤与熨烫尺寸的稳定性。

（a）无纺衬	（b）有纺衬

图6-23 衬布

（3）线带类材料（如图6-24所示）

（a）涤纶缝纫线	（b）绣花线

（c）带类材料	（d）线带类材料在童装上的应用

图6-24 线带类材料

1）材料介绍。缝纫线、绣花线等线类材料以及各种绳带材料。

2）使用范围。①缝纫线在服装中起到缝合衣片、连接各部件的作用。缝纫线作为明线时也可起到装饰的作用；②带类材料，主要由装饰性带类、实用性带类和护身性带类组成。

3）选用原则。①色泽与面料要一致，除装饰线外，应尽量选用相近色，且宜深不宜浅；②缝线缩率应与面料一致；高弹性及针织类面料，应使用弹力线；

③缝纫线粗细应与面料厚薄、风格相适宜；④缝线材料应与面料材料特性接近，线的色牢度、弹性、耐热性要与面料相适宜。

4）注意事项。婴儿、幼儿、小童服装尽量避免使用绳带，其他年龄段的童装绳带外露长度不能太长，以防小孩玩耍时勒到脖子等。

（4）紧扣类材料（如图 6-25 所示）

1）材料介绍。紧扣类材料包括纽扣、拉链、钩、环与尼龙子母搭扣等。

2）使用范围。紧扣类材料在服装中主要起连接、组合和装饰作用，一般服装上都会使用紧扣类辅料，但在儿童服装上使用时应多考虑安全性。

3）选用原则。①婴幼儿及童装紧扣材料宜简单、安全，一般采用尼龙拉链或搭扣，尽可能不用纽扣或其他装饰物，特别注意牢固度，以免儿童轻易扯掉并误服；②应考虑服装的设计，紧扣材料应讲究流行性，达到装饰与功能的统一；③应考虑服装的保养方式，常洗服装应少用或不用金属材料。

4）注意事项。①金属件不应出现缺口与尖利边角，以防刮伤皮肤；②尽量避免使用金属紧扣类材料，因为其表面的涂层容易脱落，对孩子健康不利。

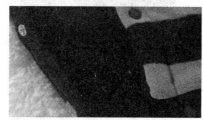

（a）塑料拉链   （b）童装设计中运用按扣

图 6-25   紧扣类材料

（5）装饰材料（如图 6-26 所示）

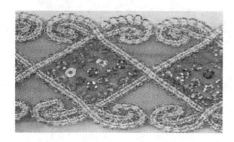

（a）珠片与花边

（b）徽章   （c）珠片

图 6-26   装饰材料

1）材料介绍。童装中常用的装饰材料有花边、徽章、珠片等。

2）使用范围。婴幼儿服装只适合小面积使用装饰性材料，如小绣花图案等。随着儿童年龄的增长，装饰材料在童装上的运用也随之增加。

3）选用原则。装饰材料重视的是审美性、耐久性和洗涤性，选择装饰材料时，需要权衡装饰性、穿着性、耐久性等特性，根据不同的需求加以选择。

2 童装常用辅料

（1）里料

童装常用里料，如图6-27所示。

（a）网眼里布（夏季服装，风衣、运动装）

（b）涤塔夫里布（夹克衫、运动装）

（c）雪纺里布（较薄的服装，如裙子）

（d）全棉里布（口袋布）

图6-27　童装常用里料

（2）衬布

童装常用衬布，如图6-28所示。

（a）无纺粘合衬（衣服门襟、领子等部位）

（b）机织粘合衬（高档服装）

图6-28　童装常用衬布

（3）线带类材料

童装常用线带类材料，如图 6-29 所示。

（a）涤纶线（缝合衣片、连接各部件）　　　　（b）绳带（帽子、裤子松紧带）

图 6-29　童装常用线带类材料

（4）紧扣类材料

童装常用紧扣类材料，如图 6-30 所示。

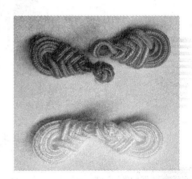

（a）塑料纽扣（小童或以上阶段的童装）　　（b）按钮（婴幼儿服装）　　（c）琵琶扣（传统风格服装）

（d）搭扣（冬装外套等）　　（e）隐形拉链（裙子、裤子）　　（f）塑料拉链（裤子门襟、外套门襟）

图 6-30　童装常用紧扣类材料

（5）装饰材料

童装常用装饰材料，如图 6-31 所示。

（a）立体花边（裙子或上衣局部装饰）

（b）蕾丝花边（裙边或衣服局部装饰）

（c）徽章（局部装饰）

（d）珠片（局部装饰）

图 6-31　童装常用装饰材料

任 务 拓 展

在任务 6.2 中，你已根据上司的要求设计了三款童装，现在要对所设计的童装款式进行修改，对增加的辅料进行细节设计，需要注意以下几点。

1）认真分析各种童装辅料的特性，了解辅料的适用性。

2）使用辅料时，应考虑儿童的生理特点。

3）把完成的款式设计绘制到质检单中。

项目 7 能工巧匠显神通
——走进西服定制工作室

项目简介 ☞

　　本项目借助西服高级定制的相关内容，模拟品牌西服定制工作室情境，要求学生基于品牌基础知识和工作室情境，完成相应的情境任务。在完成任务的过程中，学习西服材料及其特性等知识，举一反三，学会将不同的材质和特性表达到西服定制设计中。

　　处于日益发展的现代社会，"高级定制"意味着品质、个性化、专属，是顶级材质、独家手工艺以及专业服务的碰撞融合，是私享的最高境界，代表着对生活品质无上的追求。

　　关于西服的高级定制，最早起源于 19 世纪。维萨尔街曾经是英国伦敦有名的绅士云集之地，从 19 世纪开始便逐渐聚集了英国甚至全世界最顶尖的裁缝，至今仍繁荣不减。无论是尊贵的皇室贵族、耀眼时尚的影视演员，还是富甲一方的商界大亨，都是维萨尔街的常客。

图 7-1　西服定制

　　时尚起源于高级定制服（如图 7-1 所示），高级定制服是时尚的最高境界。我们欣赏它，不仅仅因为它奢侈、高贵，更是因为其设计的匠心独运。高级定制服的超前创意，对于未来时尚走向有着极为重要的影响。

　　高级定制师会在你第一次到店量体试衣的过程中，通过交流引导出你的不同需求，比如与你讨论生活方式，穿衣习惯，站立和行走的姿势都是量体师在与客人聊天和测量的过程中要细心观察的项目，他会告诉你每个关于西服的历史和试穿时应该注意锁骨、肩胛骨，肩部外两侧突出的骨头三个部位的西服穿着的舒适度。

　　一般高级西服定制会选用全毛面料，全毛面料的确是最好的西服材质，一块上好的面料要轻薄、柔软、挺括。不同的样布上会有不同的标签，上面标明布料成分，如 100% 羊毛或者麻、棉和羊毛的混纺。标签还会出现 120 或 160 等字样，这是布料纺织的支纱数目。支纱数越高，布料就越好。以前，面料拎在手上的轻重可以体现支纱数目的差别，越沉越好；现在，上好的面料做出来的西服看上去质感虽然厚重，但拿在手上非常轻。

　　定制时代的到来，不仅表现在定制内容越来越宽泛上，更表现在定制内容向更高品位的发展。

乔治·阿玛尼

　　阿玛尼是世界著名时装品牌,1975年由时尚设计大师乔治·阿玛尼(Giorgio Armani)创立于意大利米兰。在美国,乔治·阿玛尼是最受欢迎的欧洲设计师,他以使用新型面料及优良制作而闻名。

　　乔治·阿玛尼的设计遵循三个黄金原则:一是去掉任何不必要的东西;二是注重舒适;三是最华丽的东西实际上是最简单的。这是乔治·阿玛尼对自己非常精准的评价。而美国时装设计师比尔·伯拉斯这样评价阿玛尼和他的服装:不是男女性别的截然划分,不是日装和晚装的严密分界,阿玛尼特立的风格、个性的色彩和文化冲突与交流造就的时髦使他自20世纪80年代起就一直被认为是最有影响力的时装设计师。

　　1975年,乔治·阿玛尼的第一次时装发布会获得成功,没有衬里和张扬结构线条的设计,不拘于正式与非正式的休闲衣着打扮,天然去雕饰的色彩,完全剔除了20世纪60年代盛行的嬉皮风格,以简单的轮廓、宽松的线条,改变了传统男性硬挺拘束的风格,使皱纹风格的外套风靡一时。之后男装的微缩女装版紧跟着推出,采用传统男装面料,显示出强烈的中性风格。

任务 *7.1* 识别西服

【任务情境】　　　假设你现在是阿玛尼旗下一间西服定制工作室纸样部今年新招聘的板房助理,该职位的主要工作内容是协助纸样部和板房的日常工作管理,侧重于款式面料、物料的领用和跟进,纸样的保管,样衣纸样的归档等工作。第一个星期上班,上司需要你在一周内熟悉该职位的具体工作和岗位职责,了解公司的企业文化和公司产品,掌握西服的常见类型,并有针对性地制作品牌西服产品设计中的常用材料面板。

【任务目标】　　● 了解西服板房助理的岗位要求和岗位职能;

　　　　　　　　● 掌握西服的常见类型和风格;

　　　　　　　　● 熟悉西服材料案板包含的内容,掌握材料案板的设计与制作方法。

【任务关键词】　　熟悉西服分类　西服面辅料　西服材料面板

【任务解析】　　　　本次任务主要针对工作室纸样部新人熟悉板房助理工作岗位而设置的。任务要求你首先熟悉公司的基本情况，了解公司主要产品和业务，尤其是上司需要你通过调研马上进入角色，掌握西服的常见款式和常用面料，能够制作材料案板，为以后板房助理的工作打下良好的基础。

【任务思路】　　　　熟悉环境—了解产品—搜集面料—概括关键词—总结提炼—案板排版与制作

理论与方法

1 板房助理岗位要求

1）热爱服装制板工作，对西服有较好的领悟能力，熟悉各类面料、色彩流行趋势及板型结构设计。

2）具有一定的西服制板经验，了解板房的车板、纸样等各种工艺，具备一定的样衣制作、工艺单及图纸识别、板房工艺指导等经验。

3）了解西服板型（南北市场尺寸），有良好的沟通协调能力，工作效率高。

4）精通 CAD 电脑打板软件，能根据设计师的意图，使用电脑绘制服装纸样。

西服定制工作室实拍如图 7-2 所示。

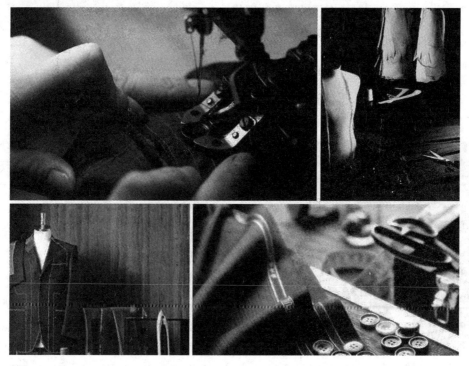

图 7-2　西服定制工作室实拍

2 板房助理岗位职能

1）了解服装面料性能、风格、特色及价格，注重色泽、手感和光泽感，了解现代最新潮流的服装面辅料。能根据不同质地、不同肌理的面料，协助板师对纸样做出不同的细节处理。

2）协助板师按设计师的要求做出新板，经审核批准后，按规范画出实样（含修剪样），负责对裁板、车板过程中发现的异常问题进行沟通和解决。

3）打片间各资料的整理归档，协助板师进行排料。

4）按要求填好各新板的表格、制单等，并存档留底。

5）协调设计师、打板师与样衣工、跟单等部门之间的工作。

6）收发传真和各类往来货品的收发、登记。

7）板房生产工具，制衣辅料用品的采买。

实践与操作

作为男性服装王国"宠物"的西服，"西服革履"常用来形容文质彬彬的绅士俊男。西服的主要特点是外观挺括、线条流畅、穿着舒适。若配上领带或领结后，则更显得高雅典朴。

广义上，西服指西式服装，是相对于"中式服装"而言的欧系服装。狭义上，西服则指西式上装或西式套装。通常，西服是公司企业从业人员、政府机关从业人员在较为正式的场合着装的首选。

西服之所以长盛不衰，很重要的一点是它拥有深厚的文化内涵。主流的西服文化常常被人们打上"有文化、有教养、有绅士风度、有权威感"等标签。

另外，在日益开放的现代社会，西服作为一种衣着款式也进入到女性服装的行列，体现女性具有和男士一样的独立、自信，也有人称西服是女人的千变外套。

1 西服的类型

（1）按穿着者分类

按穿着者的性别，西服可分为男西服和女西服两类。

图7-3　男性西服

1）男性西服（如图7-3所示）。现代西服出现之前，近代西方男性出席商务场合穿的套装，是一件又长又厚的黑色外套，称为"frock coat"。直至19世纪末，美国人开始改穿比较轻便只长及腰间的外套，称作"sack suit"。这成为非正式、非劳动场合的日间标准装束，即使是最朴实的男性也会有一套这样的西服，在星期日去教堂做礼拜时穿着。第二次世界大战之前，这种简便套装会连同背心穿着。

另外，晚间套装也发展出一种非正式装束。原本的燕尾服演变出小晚礼服。时至今日，小晚礼服甚至取代燕尾服，成为出席晚间场合的标准装束，而历史较长的燕尾服只留给最庄重的场合穿着，如宴会、音乐演奏会、受勋仪式等。日间的正式装束则是早礼服。虽说现代场合一般已经不太拘泥于繁文缛节，但根据出席场合所要求的礼节，请柬上应该会注明穿衣要求。

2）女性西服（如图7-4所示）。女性穿的现代西服套装多数限于商务场合，出席宴会等正式场合多会穿正式礼服，如宴会礼服等。

20世纪初，由外套和裙子组成的套装成为西方女性日常的一般服装，适合上班和日常穿着。女性套装比男性套装在材质上更轻柔，裁剪也较贴身，以凸显女性身材曲线。随着时代发展、社会开放，套装的裙子也有向短发展的趋势。20 世纪 90 年代，迷你裙再度成为流行服饰，西服短裙的长度也因而受到影响，据当地习俗及情况而异。

（2）按场合分类

按穿着场合，西服可以分为礼服和便服两种。

礼服又可以分为常礼服（又叫晨礼服，白天、日常穿），小礼服（又叫晚礼服，晚间穿），燕尾服。

礼服要求布料必须是毛料、纯黑，下身需配黑皮鞋、黑袜子，上身需配白衬衣、黑领结。

便服又分为便装和正装。

人们一般穿的都是正装。正装面料一般是深色毛料（含毛在 70%以上），上下身必须是同色、同料，做工良好。

（3）按西服件数分类

按照件数，西服可划分为单件西服、二件套西服和三件套西服，如表 7-1 所示。

商界男士在正式的商务交往中所穿的西服，必须是西服套装，在参与高层次的商务活动时，以穿三件套的西服套装为佳。

图 7-4　女性西服

表 7-1　按西服件数分类

单件西服	单件西服为便装，即一件与裤子不配套的西服上衣，仅适用于非正式场合
二件套西服	西服套装，指的是上衣与裤子成套，其面料、色彩、款式一致，风格相互呼应
三件套西服	按照人们的传统看法，三件套西服比二件套西服更显得正规一些，一般参加高层次的对外活动时穿着。穿单排扣西服套装时，应该扎窄一些的皮带；穿双排扣型西服套装时，则扎稍宽的皮带较为合适。到 21 世纪，女性的三件套已经发展成为西服、背心、裙子了，而随着季节变化的不明显，短裤在很多时候也代替了长裤的位置

（4）按上衣纽扣分类

按西服上衣的纽扣排列来划分，分单排扣西服上衣与双排扣西服上衣，如表 7-2 所示。

表 7-2　按上衣纽扣分类

单排扣西服上衣	最常见的有一粒纽扣、两粒纽扣、三粒纽扣三种。一粒纽扣、三粒纽扣单排扣西服上衣穿起来较时髦，而两粒纽扣的单排扣西服上衣则显得更为正规一些。男装常穿的单排扣西服款式以两粒扣、平驳领、高驳头、圆角下摆款为主
双排扣西服上衣	最常见的有两粒纽扣、四粒纽扣、六粒纽扣三种。两粒纽扣、六粒纽扣的双排扣西服上衣属于流行款式，而四粒纽扣的双排扣西服上衣则明显具有传统风格。男子常穿的双排扣西服是六粒扣、枪驳领、方角下摆款
其他	至于西服后片开衩分为单开衩，双开衩和不开衩，单排扣西服可以选择三者其一，而双排扣西服则只能选择双开衩或不开衩

（5）按西服廓形分类

按廓形分类，西服款式如图 7-5 所示。

（a）T 形　　　　　　　（b）X 形　　　　　　　（c）H 形

图 7-5　按西服廓形分类

1）T 形（Y、V 形），属于欧式风格。欧版西服实际上是在欧洲大陆，如意大利、法国等地流行的。最重要的代表品牌有杰尼亚、阿玛尼、费雷。欧版西服的基本轮廓是倒梯形，实际上就是肩宽收腰，这和欧洲男人比较高大魁梧的身材相吻合。这一类西服具有强烈的男性造型特征，肩部宽大，胸部饱满，翻领较大，多为双排扣设计，面料多为厚实的纯毛面料，衣身稍长，包住臀部，适合五官大气，身材高大、魁梧的男性穿着。

2）X 形，属于英式风格。这类西服肩形丰满，腰部略收，配合适当的放摆，合体的造型，时尚而浪漫，一般身后会有两个开衩，来配合男士潇洒的插兜动作，搭配合体的直筒裤。这款西服适合前卫、时尚的弄潮儿或优雅浪漫的绅士穿着。

3）H 形，属于美式风格。美国人崇尚随意休闲的生活方式，因此，此类美式风格的西服款式偏休闲。出现在我国各类职场上的西服，多属于改良型瘦身的H 形。它的裁剪线条比较符合男士的自然体态，肩部精巧，不强调垫肩，领口深度适中，一般为单排扣，2～3 粒。大多数男士都适合。

2 西服常用材料案板制作

西服常用材料案板的制作要求如下。

1）通过归纳提炼，以形象直观的图片和文字说明来展示企业产品设计中的面料诉求。

2）将现有模拟品牌已有的面料进行整理，制作产品常用的材料案板。

3）针对西服定制的档次，在面料案板上体现材料定制的内涵。

3 服装材料案板的制作案例

常见西服款式面料案板如图 7-6（a）所示，常见西服款式辅料案板如图 7-6（b）所示。

法兰绒

灯芯绒

哔叽

灯芯绒

麦尔登

亚麻

（a）面料案板

胸绒衬

牵带

垫肩

里布

马尾衬

黑炭衬

粘合衬

扣子

领底呢

（b）辅料案板

图 7-6　常见西服款式面料、辅料案板

任务拓展

经过了一周的实习，作为板房助理的你已经具备了一定的工作经验，对西服常用材料有了相应的了解。但是在企业中，真正会制板的板师，除上述内容外，更要懂得面料的详细特性，以及面料能塑造的整体效果。上司要求你去调查市面上常用的服装材料及其肌理效果，对服装材料的风格和特性作更深入的调研。

请你对西服常用面料和常见款式进行一次市场调查和匹配，完成相应的调查报告。

任务 *7.2* 把握服装面料在西服设计中的应用

【任务情境】　　作为板房助理，在经过了一段时间实习之后，你已经具备了一定的工作经验，对西服面料及其能够塑造的风格有了相应的了解。上司要求你开始熟悉西服定制中的常见面料，学会西服面料的选配原则和方法。请你为图7-7所示的两种西服款式选配几组合适的面料，进行几个面料组合设计，挑选出最优面料搭配方案。

(a) 款式1　　　　　　　　(b) 款式2

图7-7　两种西服款式

【任务目标】
- 了解西服的常见面料和面料的主要风格及应用款式；
- 掌握西服的面料选配原则；
- 学会针对西服效果图选配适合的面料。

【任务关键词】　　面料风格　　面料选配原则　　面料搭配方案最优化

【任务解析】　　本次任务主要针对工作室纸样部新人熟悉板房助理工作岗位而设置的。任务要求板房助理在接触制板之前，要熟练掌握面料的基础风格，学会进行西服面料的搭配，并能够独立完成西服的面料选配。

【任务思路】　　面料风格感知—熟悉常见服装款式—总结提炼—面料搭配方案—最优化选择

理论与方法

1 纸样部常规工作程序

西服定制工作室纸样部常规工作如图 7-8 所示。

1）纸样部的主要工作是：

① 打板（出纸样）放码。

② 车缝样品。

2）打板（出纸样）时客户必须提供的资料：样板生产单（包括样板生产图、尺寸表、生产工艺图）。

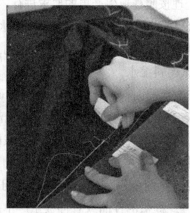

图 7-8　西服定制工作室纸样部常规工作

3）样品一般可分为：

① 头板（初板、开发板）。

② 二板（头板的修改板）。

③ 大板（经过头板和二板修改后的正确样板）。

④ 产前板（大货生产前的确认板）。

⑤ 跳码板（大货生产前的齐码或者选码板）。

4）头板（初板）打板的工作程序：

① 测试样板面料的缩水率。

② 按样板生产单或者客户提供的样板出头板纸样。

③ 裁剪及车缝样板。

④ 检查样板造型及样板成衣尺寸是否合格。

5）二板（修改板）、大板的工作程序：

① 测试样板面料的缩水率。

② 按客户的批板语（修改意见）及新的样板尺寸表修改纸样。

③ 裁剪及车缝样板。

④ 检查样板造型及样板成衣尺寸是否合格。

6）大货板（包括产前板、跳码板）打板的工作程序：

① 测试面料缩水率。

② 按大货生产单尺寸表修改基码纸样。

③ 按客户提供的全码尺寸表放码。

④ 按客户要求裁剪及缝制所需要的尺码板。

⑤ 检查及量度缝制好的跳码板。

⑥ 按量度出的跳码板尺寸修正放码纸样并交给裁床排唛架。

2 纸样部工作守则与注意事项

（1）头板（初板）的工作守则

在打板（出纸样）前一定按客户或者样板跟单员提供的样板面料进行缩水率测试，缩水处理按照样板生产单的要求进行，在测试出样品面料准确缩水率后方可开始打板；如果面料已经洗水或者属于不缩水面料，打板时可以不用加缩水率，但要根据不同类型的服装、不同的面料及不同的工艺要求适当加上一些松量打板制图。

（2）测试面料缩水

1）成衣洗水的面料。选择一块大约 1 码长的布料，在布料面上左右平行画两个各为 50cm×50cm 的正方形，为了避免洗后所画的标记线看不到，洗水前将画好的线车缝上一道线，然后交给洗水厂按样品的洗水要求进行洗水。

2）不用洗水的成衣面料：选择一块大约 1 码长的布料，在布料面上用色笔或者油笔左右平行画两个各为 50cm×50cm 的正方形，然后用蒸气熨斗熨烫。

（3）按客户提供的样品或者样板生产单尺寸进行打板

1）打板前必须全面了解该款样品的工艺要求及面料的属性，也要考虑以后大货生产时工艺实施的难度，打板时在工艺要求处理上尽可能避繁就简，以避免过于繁杂的工艺造成样品品质不好和以后大货生产时因车缝工艺繁杂而增加的成本。

2）如果在打板过程中发现有局部尺寸不合理，必须把不合理的尺寸改过来，通知跟单并转告客户确认，因为客户给头板的尺寸时，有时也难免有一些不合理的地方，所以局部不合理的尺寸是可以在打板时按正常合理的尺寸修改过来的，但修改后一定要把样板制单处不合理的尺寸修改掉并通知客户。

（4）纸样袋（纸样挂单）及纸样裁片正常写法

1）每款纸样做好后除要附上生产制单外，还要在制单或者挂单上写清楚该款纸样的纸样片数、实样片数，以方便裁床查验纸样裁片，避免发生漏裁的现象，并在制单明显的位置写上该款纸样的缩水率或者盖上缩水印章，以防裁剪时用错不同缩水的纸样。

2）当纸样做好后首先要按生产制单的布纹要求画上布纹线，并在布纹线上面写上款号、尺码，在布纹线下面写上裁片名、面料类型及裁片数量。

3）在大片的纸样上写上该纸样的缩水率。

（5）大货放码

按生产制单尺寸放完所有码及剪好纸样后，要重新叠码检查纸样放码是否正确，纸样上所写的尺码有没有错码，检查完后要在大片的纸样上写上缩水率，以防不同缩水率的纸样混在一起。

3 板师及板师助理常见工作任务分析

板师及板师助理常见工作任务分析见表 7-3。

表 7-3　板师及板师助理常见工作任务分析表

序号	工作项目	工作任务	工作行为
1	资料分析	客户要求分析	确定设计师及客户要求书面沟通
		面料分析	根据不同的面料确定缩水情况（蒸汽缩水、高温缩水）
		款式分析	确定造型结构
		工艺分析	与设计师沟通各小部位尺寸分割部位及特殊工艺要求
2	出头样	出净样	制图
			出实样
			出部位实样
			拷贝
		出毛样	加缝位
			标注对位点
3	车头板	样板检验	检查规格尺寸是否符合图样要求
			检查部位组合是否吻合
		与车板师沟通	提出工艺要求
		车板	车板
4	审板	规格尺寸	核对是否与制单相符
			核对是否符合设计师及客户要求
			核对面料搭配是否适当（内单头板可用替代布料）
		工艺要求	核对是否符合客户要求，是否需要调整工艺
		面料、辅料搭配	核对材料搭配是否与制单相符
		确认	确认板
5	客户确认板	客户反馈信息	根据反馈意见修改样板
			复板
6	放码	放码号型数量确定	根据制单要求，确定码数，计算各码规格的差值
		确定档差	计算各码的档差
			各码间的审核
		放码	根据各码档差进行放码
			确定各部位的对位点
			全套样板审核
7	编制工艺单	款式图绘制	绘制前后幅主要部位的示意图
		尺寸规格	写出系列码的主要尺寸
		工艺要求	写出缝制要求

实践与操作

发端于 19 世纪欧洲的西服，在经历了 100 多年的演变之后，已逐渐发展成为男性在各种场合中郑重而普遍的装束，是传统意义上的礼服形式的一种延续扩展。

西服的设计通常是依据严格规范的程式标准来进行的，尤其强调外观式样与服用功能的结合贴切，同时将具有时代特点的文化意味不断融入西服中，形成各种不同的风格式样来迎合更广泛人群的穿着需求。

1 品类特征

西服通常是以二件套（西服、西裤）或三件套（西服、背心、西裤）的组合形式来体现的，即按照正规的西服配置构成的现行西服穿着式样。以下内容便反映出西服的基本特征。

（1）西服上衣

西服上衣由较固定的领、肩、袖、门襟、口袋、衣摆及腰深等细节组成，决定了西服上衣的式样效果。由领子与驳头扣连而成的平驳领和枪驳领的变化形式，是西服中最常见的，只是平驳领专为单排扣的西服所用，枪驳领专为双排扣的西服所用。西服肩部的造型分为自然肩型、平肩型、宽肩型几种。自然肩型垫肩薄，易于在人体肩部形成平坦圆顺的肩型，多用于美式风格的休闲西服；平肩型垫肩厚，将肩部塑造为平阔方形，肩头棱角分明，常用于传统的英式西服；宽肩型因为所加的垫肩宽阔，所以改变了人自然的肩型，使西服呈现出挺拔的感觉。

口袋在西服上衣的设置完全是出于装饰与使用上的需要。左胸袋可用来插装饰手绢，并能保持胸部的挺括；下边左右两侧双开线夹袋盖的衣袋，则起到美化衣款的作用，其右侧袋内常做有小贴袋，以备存放钥匙等物品。在西服上衣内的胸部两侧，也各设有一个较大的衣袋，用来放置钱包等贵重物品。其中，左胸内袋旁常做有抽笔用的专用小兜，左下侧设置的小袋可装名片。

（2）西裤

西裤的式样主要有锥形、直筒形、喇叭形等种类，这几种裤型又都有着各自相应固定的根式、袋式和褶式。从习惯上来讲，齐腰、双褶、侧直插袋、单开线臀袋用于锥形西裤。中腰、单褶、侧斜插袋、双开线臀袋用于筒形西裤。低腰、无褶、侧平插袋、加袋盖的臀袋用于喇叭形西裤。直筒形西裤，适合通过齐腰、中腰、低腰、双褶、单褶和无褶等形式来求得变化，而中腰的形式可适于上述的三种裤型及三种褶式。西裤的单脚与翻脚的不同，也往往显示出其式样的区别，并且可用作与日常西服配穿的选择。

（3）背心

西服背心显然由礼服背心渐变而来，成为搭配西服的专用款式。一般的西服背心有四个挖袋，上面两个为装饰袋，下面两个作装小用品的口袋。门襟设有单排五粒扣。西服背心款式如图7-9所示。

其他像衬衣及领带等配饰，也是整套西服不可缺少的构成内容。由丝绸、精纺毛、合成纤维、针织等面料制成的领带，应依据衬衫衣领和西服驳领的宽度及其色彩来搭配，即领角大的衬衫、宽驳头的西服配宽领带，领角尖的衬衫配窄领带，领带的图案色彩需与整个西服的用色协调。

图 7-9　西服背心

2 面料选配原则

随着人们生活质量的逐步提高，人们对纺织品的要求向"现代、美化、舒适、保健"的方向发展，其重点是崇尚自然，注意环保。在服装面料的选用方面，应注意以下几点：①纤维与纱线的种类、粗细、结构与服装档次一致；②面料结构上，男装强调紧密、细腻，女装注重外观、风格；③面料色彩和图案要稳重、大方，适用面广；④面料性能与服装功能相吻合。

（1）男式西服面料

1）男式西服面料以毛料为佳，具体根据着装场合加以选择（如图 7-10 所示），精纺织物如驼丝绸、贡呢、花呢、哔叽、华达呢，粗纺织物如麦尔登、海军呢等。

2）不同款式男式西服的面料选择不同，高档面料适合制作合体的职业男式西服，而毛、麻、丝绸等面料则多制成宽松、偏长等休闲样式。

3）男式西服面料常用的图案为细线竖条纹，多为白色或蓝色。色彩上以深色系列为主，如黑灰、藏青、烟灰、棕色等，常用于礼仪场合穿着，其中藏青最为普遍。当然，在夏季，白色、浅灰也是正式西服的常用色。

图 7-10　男式西服面料

（2）女士套装面料

1）女式套装常用的面料有精纺羊绒花呢、女衣呢、人字花呢等。对于毛织物，选料的要求是"挺、软、糯、滑"。除毛织物以外，棉、麻、化纤等面料也可选用，如窄条灯芯呢、细帆布、条纹布等。

2）春、秋、冬季的女式套装选用精纺或粗纺呢绒，常用的精纺面料有羊绒花呢、女衣呢、人字花呢等，粗纺呢绒有麦尔登、海军呢、粗花呢、法兰绒、女士呢等。夏季的薄型女式套装面料主要为丝、毛、麻织物。丝哔叽、毛凡立丁、单面华达呢、薄花呢、格子呢是薄型女式套装的理想用料。

3）女式套装面料的色彩宜选素雅、平和的单色，或以条格为主，如蓝灰色、烟灰色、茶褐色、石墨色、暗紫色等。

（3）西服常见的面料

精纺毛料以纯净的绵羊毛为主，亦可用一定比例的毛型化学纤维或其他天然纤维与羊毛混纺，通过精梳、纺纱、制造、染整而制成，是高档的服装面料，如图 7-11 所示。按面料的成分可分为纯毛、混纺、仿毛三种。

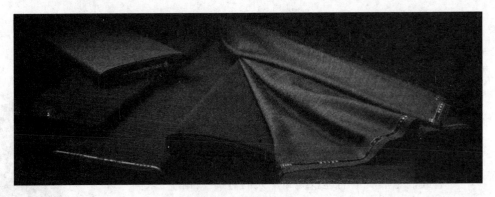

图7-11　精纺毛料

1）纯羊毛面料。

① 纯羊毛精纺面料。此类面料大多质地较薄，呢面光滑，纹路清晰，光泽自然柔和，有膘光，身骨挺括，手感柔软，弹性丰富（如图7-12所示）。紧握呢料后松开，基本无褶皱，即使有轻微折痕，也可在很短时间内消失。

图7-12　纯羊毛精纺面料服装

② 纯羊毛粗纺面料。此类面料大多质地厚实、呢面丰满、色光柔和而膘光足，呢面和绒面类不露纹底，纹面类织纹清晰丰富，手感温和，挺括而富有弹性。

纯羊毛织品面料分类如表7-4所示。

表7-4　纯羊毛织品面料分类表

纯羊毛织品	华达呢	纱支细，呢面平整光洁，手感滑润，丰厚而有弹性，纹路挺直饱满。宜缝制西服、中山服、女上装。缺点是经常摩擦的部位（如膝盖、臀部）极易起光
	哔叽	纹路较宽，表面比华达呢平坦，手感软，弹性好，不及华达呢厚实、坚牢，用途同华达呢
	花呢	按重量可分为薄花呢和中厚花呢。呢面光洁平整，色泽匀称，弹性好，花型清晰，变化繁多。宜做男女各种外套、西服上装
	凡立丁	毛纱细，原料好，但密度稀，呢面光洁轻薄。手感挺滑，弹性好，色泽鲜艳耐洗，宜做夏季服装和冬季棉袄面料
	派立司	光泽柔和，弹性好，手感爽滑，轻薄风凉，牢度不及凡立丁。最适合做夏季男女各式服装
	女衣呢	纱支较细，结构较疏松，手感柔软而富有弹性，花色多，颜色艳丽。常用作女春秋两用衫和棉袄面料

2）羊毛混纺面料。

① 羊毛与涤纶混纺面料，如图 7-13 所示。阳光下表面有闪光，缺乏纯羊毛面料柔和的柔润感，面料挺括，但有板硬感，并随涤纶含量的增加而增加，弹性较纯毛面料好，但手感不及纯毛面料。紧握呢料后松开，几乎无折痕。

② 羊毛与粘胶混纺面料。光泽较暗淡。精纺类手感较柔软，粗纺类手感较松散。这类面料的弹性和挺括感不及纯羊毛和毛涤、毛腈混纺面料。若粘胶含量较高，面料容易褶皱。

图 7-13　羊毛与涤纶混纺面料

羊毛与涤纶混纺织品面料分类如表 7-5 所示。

表 7-5　羊毛与涤纶混纺织品面料分类表

混纺织品	涤毛花呢	其中涤纶 55%、羊毛 45%，质地较厚实，手感丰满，强力，牢度好，挺括，抗皱性好。宜做秋冬服装
	凉爽呢	其中涤纶 55%、羊毛 45%，料薄，但坚牢耐穿，具有爽、滑、挺、防皱、防缩、易洗快干等特点。宜做春夏服装，不宜做冬季服装
	涤毛粘花呢	涤纶 40%、羊毛 30%、粘胶丝 30%，呢面细洁，毛型感强，条纹清晰，挺括，牢度较好，价廉，经济实惠

3）纯化纤仿毛面料。传统的仿毛面料以粘胶、腈纶为原料，光泽暗淡，手感疲软，缺乏挺括感。由于弹性较差，极易出现折痕，且不易消退。此外，这类仿毛面料浸湿后会发硬变厚。随着科学技术的进步，仿毛产品在色泽、手感、耐用性等方面有了很大的进步。纯化纤仿毛面料织品分类如表 7-6 所示。

表 7-6　纯化纤仿毛面料织品分类表

纯化纤织品	纯涤纶花呢	表面平滑细洁，条型清晰，手感挺爽，易洗快干，穿久后易起毛。宜做男女春秋西服
	涤粘花呢（快巴）	涤纶 50%~65%、粘胶丝 50%~35%，毛型感强，手感丰满厚实，弹性较好，价廉。宜做男女春秋服装
	针织纯涤纶	质地柔软，弹性好，外观丰满、挺括，易洗快干。宜做男女春秋服装
	粗纺呢绒	由于原料品质差异较大，所以织品优劣悬殊亦大
	大衣呢	有平厚、立绒、顺毛、拷花等花色品种。质地丰厚，保暖性强。用进口羊毛和一、二级中国国产羊毛纺制的质量较好，呢面平整，手感顺滑，弹性好。用中国国产三、四级羊毛纺制的手感粗硬，呢面有抢毛，宜做男女长短大衣
	麦尔登	用进口羊毛或中国国产一级羊毛混以少量精纺短毛织成。呢面丰满，细洁平整，身骨紧而挺实，富有弹性，不起球，不露底。宜做男女西服和女式大衣
	海军呢	用一、二级中国国产羊毛和少量精纺短毛织成。呢面细整柔软，手感挺实有弹性，有的产品有起毛现象。用途同麦尔登
	制服呢	用三、四级中国国产羊毛混合少量精纺再用毛、短毛织成。呢面平整，手感略粗糙，久穿后明显露底，但坚牢耐穿。宜做制服
	法兰绒	呢面混色灰白均匀，绒面略有露纹，手感丰满，细洁平整，美观大方。宜做男女春秋服装
	粗花呢	用 1~3 级中国国产羊毛混以部分粘胶纤维织成。呢面粗厚，坚牢耐穿，花色繁多。宜做男女春秋两用衫及高档童装

高档西服在面料上多选用质地上乘的纯毛花呢、华达呢、驼丝绵等容易染色、

手感好、不易起毛、富有弹性、不易变形的面料；中档西服的面料主要有羊毛与化纤混纺织品，具有纯毛面料的属性，价格比纯毛面料便宜，洗涤后便于整理。高档西服常用面料如图 7-14 所示。

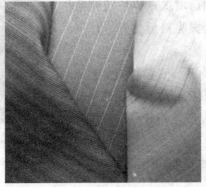

（a）纯毛花呢　　　　　　　　（b）华达呢　　　　　　　　（c）驼丝绵

图 7-14　高档西服选用面料

随着服装界受运动、休闲意识的影响，伴随着面料、工艺技术及造型、局部细节的改变，西服也从"正式"趋于休闲。款式自然、轻便、柔软、充满人性化、悬垂性能好、采用亦柔亦刚的廓形设计风格，是现在西服设计的主要趋势，对应的面料和材质逐渐丰富，在加入许多休闲服饰的常用面料作为搭配之余，印花、图案也更加多样。

（4）西服面料搭配案例

款式 1（如图 7-15 所示）。此款为双排六粒扣西服，领型为典型的枪驳领，为套装的形式。因此在面料选择上优先按照套装面料的选择方式，上装下装采用相同的面料。典型的面料可以采用高档的羊毛混纺面料为主体面料，以达到服装制作要求。

图 7-15　西服面料搭配（一）

　　款式 2（如图 7-16 所示）。此款为单排两粒扣西服，领型为略带缓和的枪驳领，面料轻薄。因此，在面料选择上可以按照套装面料的选择方式，上装下装采用相同的面料，也可以上装采用一种面料，下装采用较为轻薄飘逸的面料，如羊毛精纺面料为主体面料，以达到服装制作要求。

图 7-16　西服面料搭配（二）

任务拓展

　　如今西服的"休闲"意识伴随着面料的更新，款式更加自然轻便，亦柔亦刚，对应的面料和材质逐渐丰富，在加入许多休闲服饰的常用面料作为搭配之余，印花、图案也更加多样。请你针对今年各大品牌的新品秀场，调研并预测新一季度西服制作的流行面料和印花，并在纸样部部门工作会议上进行汇报。

任务 7.3　把握服装辅料在西服设计中的应用

【任务情境】　　　经过了一段时间的实习，你已经对板房助理的工作越来越熟悉。工作室近期订单量猛增，公司业务日益繁忙。作为板房助理，上司需要你了解西服制单的内容，注意其辅料的挑选与使用，进一步协助管理工作室的西服工艺制单，并敦促进度。

【任务目标】　　　● 了解西服制单的内容和构成，了解制单中面、辅料的表示方法；

　　　　　　　　　● 了解常见的西服制作辅料及其对西服廓型风格的影响；

　　　　　　　　　● 掌握西服制作中的常用服装辅料及其特性；

- 熟悉西服辅料的使用方法。

【任务关键词】　　工艺制单　辅料表示方法　辅料特性　辅料使用方法和位置

【任务解析】　　服装公司纸样部工作人员需要经常性地接触服装具体的制单，先以客户订单的需求为根本依据，设计开发相应的服装设计稿件后交由纸样部进行细化处理、制板和样衣试制，并进一步完善该设计的板型，制作出服装工艺制单，审批合格后进行大货生产。本次任务主要强化工作室纸样部新人工艺制单制作能力和制单跟进沟通能力。任务要求先熟悉西服工艺制单的基本内容，了解公司西服制单中各组成部分的表示方法，在绘制西服具体款式的基础上，进一步了解服装材料和面料在西服中的运用方式。

【任务思路】　　搜集制单和常用西服面辅料—学习制单—熟悉使用辅料—总结提炼—制作工艺制单

理论与方法

服装企业应在试制的服装样衣确定批量投入生产前，制定出具体组织和指导生产的相关技术文件。由于生产规模、生产能力及生产品种等条件不同，不同服装企业生产技术文件的形式和种类也不尽相同。

1 制单的使用环境

服装生产制单是依据客户提供或本企业的有关部门确认的样品，对样品全部技术要求进行分析，经多次的样衣试制和修改，在通过确定的基础上正式形成的。因此，它具有一定的准确性和可靠性。服装生产制单一般由服装企业生产技术部门的制单员制定，也有部分企业直接由板师在样衣制作终稿之后，制作确定。

2 模块介绍

服装生产制单的内容包括所要生产的服装品种，应采用的服装面辅料的说明，产品的款式缩图，款式标示图，成品规格尺寸，颜色搭配，该款服装面料、里料、辅料、包装材料的总用量，制作的工艺要求，包装盒装箱配码说明，以及指导该款服装生产的缝制技艺图解等。

3 工艺制单模板

工艺制单模板如表 7-7 所示。

表 7-7　工艺制单模板

品　名		款　号			制作者		执行标准	
面　料		试样期			交货期		执行标准	
成品规格/cm						效果图		
板型	衣长	胸围	袖长	肩宽	袖口	腰围		
工艺要求								
						工艺流程：		
面料说明								
用料定额	面料			里料			毛衬	
	袋布			垫肩			有纺衬	
	线			扣子			无纺衬	

实践与操作

1 辅料选配原则

　　质量上佳、尽显专业的西服，除设计美观、工艺精湛之外，最不可忽视的重要因素就是西服辅料的选择。辅料一般指西服面料以外的辅助材料，虽然它们在西服构成中只起到辅助作用，但它们能够衬托西服板型、连接西服各个部分、装饰西服外观、增强西服的功能。

　　若客户是担任经常外出活动的职务，应该选用质量较好的织唛商标、洗水唛、吊牌、拉链、缝线、纽扣等；若在场馆、展会等人群众多且需要应对突发状况的工作人员，应该为他们在定制西服时考虑佩戴对讲机、耳机等设备的需要，定制相应的搭扣、钩、环……总之，企业切实考虑员工的岗位需求，选择适宜的职业西服辅料，不仅为工作提供便利，也体现了企业对员工的关怀。

　　此外，辅料选择受西服流派的影响。例如，美式西服的特点是重视功能性，肩部不用过高的垫肩，胸部也不过分收紧，形态自然，而且多使用伸缩自如的针织或机织面料；欧式西服更重视服装的优越性，肩垫、胸垫多使用较厚的面料，通常采用全里；英式西服与欧式西服类似，但肩部与胸部不那么突出，穿起来有绅士味。

2 西服的常用辅料

西服辅料主要有里料、衬料、垫料、纽扣等。其中，里料常用羽纱、美丽绸、绸缎等。常用的衬料有粘衬、黑炭衬、牵带等。常用的垫料有胸绒衬、垫肩、弹袖棉、领底呢。

（1）里料

里料俗称夹里，用于大衣、夹衣以及各类有填充材料的冬衣上。夹里的材料要求轻盈、柔软、光滑。常用的夹里材料有羽纱、美丽绸、棉线绫以及软缎和尼龙绸等。色丁里料如图 7-17 所示。

（2）衬料

衬料又称衬布或衬头，是一种稍硬而又挺括的材料，衬垫在西服面料下面，起到使面料平挺、圆顺、饱满的作用，所以有人称衬料是西服成品的骨骼。衬料是总称，具体的品种很多，常用的有浆布衬、黑炭衬、马尾衬（如图 7-18 所示）、树脂衬和粘合衬等。其中，热熔粘合衬是一种新兴的西服衬料，具有软、薄、轻、挺等多种特点，有着非常广阔的应用前景。

热熔粘合衬采用牦牛毛、羊毛、棉、人发等精选的高档原料混纺交织而成，经高科技后整理工艺，创造出以"轻、薄、柔、挺"为特色的织物，具有自然、弹性好、缩水率稳定的特点，是为高档裁缝的需求而研发的衬布。

图 7-17　色丁里料

图 7-18　马尾衬

（3）垫料

常用的西服垫料体现在垫肩上。

1）功能型垫肩。人是智慧型的高等动物，也是功能型的高等动物，人体的每一个部分都有不可替代的功用。为了方便背负重物，人的肩膀进化到了如今的形状（肩关节前突），给着装带来了不少麻烦。为了减轻这种冲突感，服装设计师们常使用薄（3～5mm）而手感良好的圆弧形垫肩来进行弥补，所以这种功能型垫肩又被称为缺陷弥补型垫肩，如图 7-19 所示。

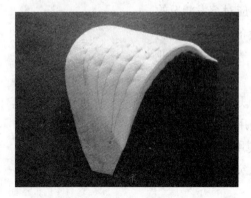

图 7-19　功能型垫肩

功能型垫肩主要适用于休闲类西服。

2）修饰型垫肩。修饰型垫肩用来对人体肩部进行修饰或彰显服装风格，其款式繁多、造型各异，主要适用于正装、时装等。当然，修饰型垫肩也同时兼具了缺陷弥补的功能。

（4）纽扣

纽扣原是指交互而成的扣结，现指钉缝在西服开襟部位、连接左右开襟衣片的辅料。它除了在开襟部位起扣合连接作用外，还起着画龙点睛的装饰作用，故常被称为西服上的"眼睛"或"明珠"。纽扣是总称，按材料的质地可分为罗甸扣、电玉扣、金属扣、木扣、塑料扣、牛角扣等。此外，还有一种用衣料制作的编结纽扣，即俗称盘花扣，它是我国特有的纽扣形式之一，富有民族特色，大都应用于旗袍、短袄等中式西服上。

3 西服的工艺制单案例

西服工艺制单案例如表 7-8 所示。

表 7-8　女西服工艺制单

品　名	女西服	款　号		制作者		执行标准	GB/T 2665—2001
面　料	涤纶	试样期	201×年6月	交货期	201×年6月	执行标准	

成品规格（单位：cm）						
板型	衣长	胸围	袖长	肩宽	袖口	腰围
155	58	88	57	39	25	76

<table>
<tr><td rowspan="1">缝制工艺要求</td><td>

1. 面里料产样前需要过预缩机。面里布均拉直摆正裁剪

2. 平车针距 11～12 针/in（1in=2.54cm）；针距按产样

3. 前身：用通天省形式的刀背缝，更能凸显出女性的曲线。因此在制作时，除要粘有纺衬外，胸部要加一层毛衬，在吸腰部分，略作归拔，胸部归圆，驳领线拉牵条，牵紧 1～1.2cm，保证胸部凸显，也保证胸部不划开。摆缝的中腰和臀部也要略作归拔

4. 后身：和前身一样用通天省形式的刀背缝，在中腰、臀部也需归拔，摆缝的中腰、臀部和前身一样挺拔圆顺

5. 领子：领子外围呈圆弧形，外口不紧

6. 袖子：山头吃势均匀，成品袖子不能有小泡或起皱现象，前后两袖要一致

7. 条纹斜：要全身一致成直线，不能出现歪斜现象

8. 里子与面料要吻合，不紧不松，右襟挂面做一里袋，袋口13cm

9. 扣位要准确，缝、锁要圆顺平服

10. 成品不得有绒毛、油污、残次等

11. 袖子山头用一层袖棉和一层毛衬

12. 门襟下摆及领上口均不能有凹凸不顺现象。肩缝及袖弯均寄里丝条，袖山有寄裥棉

13. 整烫需要垫布，低温熨烫。

14. 包装需要挂装

</td><td>

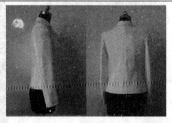

效果图

工艺流程：

检查裁片—打线丁—剪前腰省缝—缉省缝—分烫省缝—归拔—拉牵条—开袋—翻挂面—缝合后衣片—缝合摆缝—上里布—缉下摆—缝合肩缝—做领—装领—做袖—整烫—锁眼—钉扣—总检—包装

</td></tr>
</table>

续表

面料说明					
	聚酯纤维： 　挺括不僵硬。自身材料决定其不具有延展性，不会变形，并持久保持其平整度 　易清洗。可置于清水中刷洗 　防潮。细菌无法繁殖，面料不易变				
用料定额	面料	150cm	里料	130cm	毛衬	0
	袋布	0	垫肩	1 对	有纺衬	100cm
	线	1 种	扣子	3 粒（大）；6 粒（小）	无纺衬	50cm

任务拓展

　　为图 7-20 所示的具体的西服款式制作相应的工艺制单，注意制单中面、辅料的表示方法。

图 7-20　西服款式

第三篇

创 新 篇

项目 *8* 奇思妙想点玲珑
——走进服装手工作坊

项目简介 ☞

　　20世纪后，面料再造设计把服装设计师推向了一个更为广阔的设计领域，它为现代服装提供了一门富有生命力的设计语言。本项目主要让学生学习传统与现代面料再造的设计方法，既能提高学生对面料的驾驭能力，丰富服装设计的表现形式，又能开发学生的创造性思维。

　　服装面料再造设计是服装面料的二次加工设计，在服装创作过程中，设计师为了充分表达自己的设计构思，在符合审美原则和形式美的基础上，采用传统与现代的装饰手法，通过解构、重组、再造、提升等方式对面料进行创新设计，塑造出具有强烈的个性色彩及视觉冲击力的服装外观形态。例如，针织女王索尼娅·里基尔（Sonia Rykiel）的作品，如图8-1所示。

图8-1　针织女王索尼娅·里基尔作品

┃ 项目导入

面料魔术师

　　三宅一生（Issey Miyake）是日本著名的服装设计师。他以极富工艺创新的面料再造的服饰设计展览而闻名于世。他的时装一直以无结构模式进行设计，摆脱了西方传统的造型模式，并以深刻的反向思维进行创意。瓣开、揉碎、再组合，形成惊人奇特的构造，同时又具有宽泛、雍容的内涵。这是一种基于东方制衣技术的创新

模式，反映了日本式的关于自然和人生温和交流的哲学。三宅一生的设计直接延伸到面料设计领域，他将日本宣纸、白棉布、针织棉布、亚麻等传统材料，应用现代技术，结合他个人的哲学思想，创造出各种肌理效果的织料，设计出独特而不可思议的服装，被称为"面料魔术师"。由他开创的"一生褶"，展示了面料二次创意的无限魅力，至今仍是面料再设计的典范。

来自瑞典的 Sandra Backlund 对编织面料质感的把握一点也不输前辈，用镂空的织法赋予了毛线新的含义，用纯手工的技法，编织出层叠的宫廷服饰褶皱效果和皮草的奢华质感，构筑起新的时尚空间。

三宅一生作品　　　　　　　　　　瑞典新锐设计师 Sandra Backlund 作品

任务 8.1 识别服装材料再造设计

【任务情境】　　假设你应聘了服装面料设计助理的职位，你现在需要了解自己的工作职责，学习服装面料再造设计的相关知识，以便尽快进入工作状态。在日后的工作里，你需要根据设计师的要求对服装面料进行再造设计。

【任务目标】
- 了解服装面料再造设计的结构要素；
- 了解服装面料再造设计的形式美法则；
- 了解服装面料再造设计的灵感来源；
- 完成服装面料设计灵感来源分析案板。

【任务关键词】　　面料再造　构成要素　形式美　灵感来源　分析案板

【任务解析】　　首先，该任务要求你熟悉自己的工作内容和职能，明确自身定位；其次，要求你学习服装面料再造设计的结构要素、形式美法则等知识，掌握面料再造设计的灵感来源方法；最后，根据所学的内容，完成一组面料设计灵感来源分析案板。

【任务思路】　　熟悉工作内容和职能—学习面料再造设计的构成要素—学习面料再造设计的形式美法则—学习面料再造设计的灵感来源方法—学习面料再造设计灵感来源分析案板—课程实践

理论与方法

1 面料设计师岗位要求

1）负责织物的市场调研、分析，进行流行要素确定及流行趋势研究。

2）根据调研结果，进行面料的开发和设计，对开发的面料产品进行定位。

3）对开发面料图案内涵、风格做必要说明，编写产品设计文案。

4）对面料进行后续跟踪，如跟踪试生产、市场反应情况等。

2 面料设计师岗位职能

面料设计师具有其职业特殊性，与服装设计师不同的是，面料设计师强调团队配合，如纱线、织造、染整等各个环节，往往不是一个人的设计作品。因此，面料设计师应将技术、艺术与设计相结合。

实践与操作

1 服装面料再造设计的构成要素

从面料本身来看，面料具有肌理、织造方式、色彩、图案等多重属性。

（1）肌理

肌理存在于面料本身，不同的材料会产生不同的肌理效果，或滑爽，或粗糙，如图 8-2 所示。

（2）织造方式

图 8-2 肌理在面料上的应用

材料的织造方式由其织造结构来决定。织物有梭织物（如图 8-3 所示）、针织物（如图 8-4 所示）和非织造物之分。在面料再造设计中常常根据不同的材料来选择造型手段，将织物形态改变，运用抽纱、切割等手法使织物外貌焕然一新。

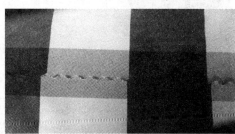

图 8-3 梭织面料

图 8-4 针织面料

（3）色彩

色彩包括材料本身的色彩和再造过程中产生的色彩变化。材料与材料之间的组合会产生新的色彩变化。在面料再造过程中一些设计手法的运用，如层叠、组合、剪切等，也会使色彩产生微妙的变化，从而形成全新的视觉效果，如图8-5所示。

（4）图案

俗话说"远看色彩近看花"，图案是成功的服装设计师表达情感、张扬个性的手段之一。在面料再造设计中，可以通过拼贴、扎染、编织、蜡染、手绘、丝网印等多种方法手段来完成，如图8-6所示。

图8-5 色彩　　　　　　　　　　　　　　图8-6 图案

面料再造设计过程是复杂多样的，任何一种新视觉、新效果、新感受都来自不同的表现形式。面料再造的表现形式归纳起来有绣缝、编结、褶皱、印染、拼贴、切割、破坏、做旧等手段，要求设计师根据面料的特性及服装设计效果来选择，其中既有传统工艺也有现代技法，两者相互渗透、相互补充以达到理想的视觉效果。

图8-7 对比与和谐

2 面料再造的形式美法则

从形式美感上来说，面料外观再造设计也应遵循美学法则。

（1）对比与和谐

对比是事物矛盾属性的集中表现，有矛盾才会有对比，有对比事物才会显示出多样变化，产生生动活泼的效果，如图8-7所示。面料再造设计中的对比，主要是通过点、线、面、体、形态、肌理、色彩、明暗等视觉要素来表现。在面料中常常运用凹凸、轻重、多少、高低、强弱、厚薄、新旧、滑爽与粗糙等对比来突出个性，产生强烈的艺术感染力。

（2）比例与分割

比例是存在比较关系的事物间长度与宽度、整体与局部的比值关系。比例是构成任何艺术品的尺度，在面料设计中是决定色彩面积、材质数量以及各部分相互关系的重要因素，成功的造型设计，总是蕴含着美的比例和合理的尺度。

　　分割是指一个形体被划分为若干小块，形成不同的形，在形体边缘处又形成不同的线，这种形与线往往造成视觉上的差异。在面料再造中可利用比例与分割设计，将原本单一的面料设计出能给人以全新视觉感受的面料，如图8-8所示。

　　（3）节奏与韵律

　　节奏本是指音乐、朗诵或舞蹈中，音乐、音调或舞姿随着时间而变化时，能够以听觉或视觉感到重复出现的强弱、长短的现象，反映了秩序与协调的美。运用到面料设计中，它体现为材料的重复、层叠，色彩的深浅变化、虚实相生，具有疏密有致的艺术感染力。韵律在心理上更强调和谐的感觉，它是节奏的升华，是美感的重要体现形式。在面料设计中，常运用面料的硬软、松紧、粗细等视觉感受来表现节奏的韵律感，如图8-9所示。

图 8-8　比例与分割　　　　　　　　　　图 8-9　节奏与韵律

　　（4）统一与变化

　　统一与变化是面料外观再造设计中最为重要的运用法则之一，在面料再造设计中如果只有统一没有变化，即没有形态、材质、色彩、肌理、明暗、装饰手法等的变化，会显得单调、乏味、呆板而缺乏创造力；只有变化没有统一就会显得零乱无序、杂乱无章，给人以刺激、繁杂、不安的感觉，所以面料再造中必须处理好统一与变化的形式美法则，只有借助丰富多彩的设计手段，才会增强材质的趣味性、活泼性与生机感，使服装作品既统一又有变化，如图8-10所示。

图 8-10　统一与变化

　　3　服装面料再造设计的灵感来源

　　一个新的设计概念的形成，常常来自于其他事物的启发，这就是我们通常所说的设计灵感来源。服装面料外观再造设计与社会的思潮、流行的观念及工艺技术密切相关。

（1）姐妹艺术

"艺术是相通的"，绘画、雕塑、建筑、音乐、舞蹈、戏剧、电影等艺术虽然都具有各自丰富的内涵和不同的表现手法，但很多方面是相通的，可以融会贯通，这也成为设计灵感的最主要来源之一。例如，巴洛克建筑风格及其在服装上的应用，如图 8-11 所示。

图 8-11　巴洛克建筑风格及其在服装上的应用

（2）人类生活

"艺术来源于生活，高于生活"，人类的生活丰富多彩，包罗万象，必须善于观察、研究和积累。在一些平常的生活事物中，随处都存在灵感的启发，如一团揉皱的纸、废铁丝、蜘蛛网、手套等物品都是我们创作的源泉。

马丁·马吉拉（Martin Margiela）以手套、扑克牌为设计灵感来源造型，通过重叠的随性排列，在反复中体现出抽象、简洁的创意思维表现形式，如图 8-12 所示。

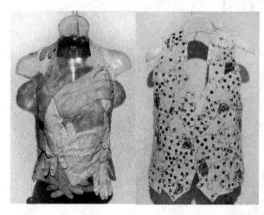

图 8-12　马丁·马吉拉作品

（3）民族文化

"民族的就是世界的"，不同民族有着各自不同的民俗文化，不同的地域特点、风土人情造就了各民族不同的服饰艺术风格，体现了各民族各具特色的审美趣味。中国传统的手工艺形式如绣、挑花、染、绳结、织棉等，是各民族智慧的结晶，对现代服装面料的再塑造具有很深的启发作用，是服装面料再造的主要造型手段。例如，传统刺绣在服装上的表现，如图 8-13 所示。

（4）科技进步

科技手段与成果激发着设计灵感，当今服装界采用新型的高科技服装面料或利用高科技手段改造面料外观效果。如新型涂层面料是指在棉、麻面料上涂抹一层化学制剂，使面料表面产生反光形成独特的艺术效果。德国设计师的发光服装已成功问世，发光面料的产生使得服装设计师又多了一种技术手段，如图 8-14 所示。

图 8-13　传统刺绣在服装上的表现　　　　　　图 8-14　荧光面料在服装上的应用

4 服装面料再造设计灵感来源分析案例

服装面料再造设计灵感来源分析案例如表 8-1 所示。

表 8-1　服装面料再造设计灵感来源分析案例

面料主题	灵感来源	设计案例	设计说明
主题一 混合金属	冷傲的靛蓝色和沙漠砾金属折射出的色调,如同合成矿物的格调,从大自然多方面彰显着艺术魅力姿态。流荡的金属质地似岁月的风吹皱了平静的心湖,静谧冷傲的蓝色,泛起微动涟漪,而后漫散开去,让躁动的银色在清风的吹拂下渐渐平息		大胆的金属辐射而出的动态光彩,璀璨华美,缠绕着金色与银色碰撞出的条纹产生了共鸣,生动地表现出了独特的风景,早已在尘世的冲刷下坚硬如石
主题二 地下图形	活跃的春夏气息来源于生动绚烂的生活,消防车上的红色警报,强调着生动的街头艺术		太平洋的蓝色与热情的紫红色调颠覆着创造性的世界,而些许奶油色和甜菜红色营造着浓郁、美艳的调色盘,彩虹色、靛蓝色和紫罗兰刺激着感官,错杂的颜色疏影横斜,暗香幽幽,缤纷的几何图案簇簇涌潮

任务拓展

服装面料设计师应当具备优秀的市场调研与分析能力及流行要素确定、流行趋势研究和纺织产品定位能力。请你与你的团队通过资料搜集，完成一份服装面料再造设计灵感来源分析案板，可参考任务实施中的服装面料再造设计灵感来源分析案板。

任务 8.2 把握传统手工艺设计在面料中的表现手法

【任务情境】　当前你所属的面料公司正在进行今年的春夏面料设计，恰好有客户向公司提出，在本次面料设计中加入传统工艺元素，以实现服装面料丰富多彩的效果。因此，公司将安排你学习传统手工艺，以便能更好地完成本次任务。

【任务目标】
● 认识服装面料设计中的传统工艺；
● 掌握服装面料设计中常用的传统工艺手法；
● 完成运用传统工艺手法的面料再造设计。

【任务关键词】　面料再造设计　刺绣　褶皱　编织　印染　拼贴　立体花饰　灵感来源

【任务解析】　本次任务中，首先，需要学习6种常用的传统工艺手法，包括刺绣、褶皱、编织、印染、拼贴、立体花饰；其次，根据传统工艺的手法完成灵感来源分析；最后，根据灵感来源完成面料小样的制作。

【任务思路】　认识传统工艺—学习传统工艺的手法—灵感来源分析—面料小样制作

理论与方法

图8-15　手工坊制作服装

如今，传统服装工艺在成衣的冲击下岌岌可危。在一则珍贵的档案中，记录了 Chanel 高级手工坊系列的一件刺绣晚礼服的制作过程。该礼服由 Karl Lagerfeld 设计图纸，然后在 Chanel 的工作室制板、剪裁。之后处理设计图中的细节部分，由来自 Lesage 刺绣工坊润色成为精美刺绣图案。整件礼服从制作到完成，耗时超过 150 个小时。这件礼服曾随 Chanel 团队来中国上海参加"巴黎—上海"高级手工坊系列展览。

这种合作方式无疑为国内的时尚产业提供了借鉴，时装因传统工艺的加入确保了其在业内的优良品质，而现状堪忧的传统工艺也因为品牌的提携而重获新生。在中国，传统手工坊需要更具实力的服装品牌的出现，而设计师也需要通过保护传统工艺不断提升国内时尚产业的价值。手工坊制作服装展示如图 8-15 所示。

实践与操作

1 传统工艺

传统工艺多种多样、不拘一格，归纳起来主要有刺绣、褶皱、编织、立体花饰、印染、拼贴等。

（1）刺绣

刺绣俗称绣花，是指用针线在面料上进行缝纫，由缝纫线迹形成花纹图案的加工过程。刺绣包括彩绣、缎带绣、珠绣、十字绣等多种传统刺绣技艺。服装材料塑造中的刺绣应用能够使服装材料表面呈现精致细腻的美感。

1）彩绣。彩绣就是采用彩色线进行刺绣，彩绣工艺的针法具有鲜明的代表性，是其他刺绣的基础，掌握彩绣是掌握其他刺绣的关键。彩绣在服装上的应用如图 8-16 所示。

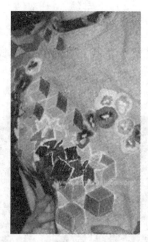

图 8-16　彩绣在服装上的应用

2）缎带绣。缎带绣是使用各种丝带刺绣的技法。丝带在服饰、室内装饰等领域被广泛应用，具有美丽柔和的光泽，刺绣后能产生阴影和立体感，其效果是其他刺绣所不能达到的。缎带绣针法与彩绣类似，但针脚不宜过小。缎带绣作品如图 8-17 所示。

3）珠绣。珠绣法是指用针线绕缝的方式，将珠片、珠子、珠管等材料钉缝或缝缀在服装材料上，组成规则或不规则的图案，形成具有装饰美感的服装材料塑造技法。珠绣装饰高雅华丽，特别适合于礼物、舞台表演装以及服饰配件的装饰，如图 8-18 所示。

图 8-17　缎带绣作品

图 8-18　珠绣在服装上的应用

4）十字绣。十字绣是指用专用的绣线和十字格布，利用经纬交织搭十字的方法，对照专用的坐标图案进行刺绣，任何人都可以绣出同样效果的一种刺绣方法。十字绣是一种古老的民族刺绣，具有悠久的历史，随着时间的推移，十字绣在各国的发展也都形成了各自不同的风格，无论是绣线、面料的颜色还是材质、图案，都别具匠心。十字绣在服装上的应用如图 8-19 所示。

图 8-19　十字绣在服装上的应用

（2）褶皱

褶饰是服装设计中常用的造型方法，是一种生动的面料处理形式。面料的褶皱是通过外力对面料进行缩缝、抽褶并利用高科技手段对褶皱永久定型而产生的。褶皱的种类有压褶、抽褶、自然垂褶、波浪褶等，形态各异。

手缝褶饰有两种：一种是线缝褶饰，从布的表面缝褶出山形；另一种是格子褶饰，也叫立体褶饰，即从布的反面挑一两根丝形成立体褶状。

褶皱在服装设计中的应用如图 8-20 所示。

（3）编织

编织是人类最古老的手工艺之一，主要采用各类线形纤维材料，如线绳、布条等，运用手工或使用工具，通过编织技法完成编织物。编织工艺强调丰富的结形、运用手工的技艺和对材料的灵活使用。编织法对面料的再造主要体现

图 8-20 华裔女设计师 Vera Wang 婚纱作品

在装饰作用上,可点缀或改变服装风格,既有视觉美感又有肌理效果,如图 8-21 所示。

图 8-21 编织技法在服装上的应用

（4）立体花饰

花卉饰品在人们生活中占有很重要的地位,在现代服装中,花卉饰品以其风格独特、艺术性强等特点吸引着众多设计师,如亚历山大·麦克奎恩。花饰品主要分两大类:天然花饰和人造花饰。天然花饰有鲜花、干花;人造花饰有绢花、纸花、水晶花、布艺花、丝网花等。由于材料不同,呈现的效果也各具特色。其中,立体花饰的应用如图 8-22 所示。

图 8-22　立体花饰的应用

（5）印染

印染是对需要进行图案装饰的纺织服装材料采用一定的工艺，将染料转移到布上的方法。手工印染是指采用手工染色印花工艺的产品，手工印染包括蜡染、扎染、镂空印花、手绘等印染方法。通过这些手工艺方法可在纺织面料上印出有一定色牢度的花纹图案，使原本色彩单一、平实的面料变得丰富多彩，花样各异。

1）蜡染和扎染。蜡染是我国古老的民间传统纺织印染手工艺，是用蜡刀蘸熔蜡在布上绘画后以蓝靛浸染，晾干后去蜡，布面就呈现出蓝底白花或白底蓝花的多种图案，同时，在浸染中，作为防染剂的蜡自然龟裂，使布面呈现特殊的"冰纹"，尤具魅力。由于蜡染图案丰富，色调素雅，风格独特，用于制作服装服饰和各种生活实用品，显得朴实大方、清新悦目，富有民族特色，如图 8-23 所示。

图 8-23　蜡染作品

扎染是中国一种古老的纺织品染色工艺。《资治通鉴备注》详细描述了古代扎染过程："撮揉以线结之，而后染色，既染，则解其结，凡结处皆原色，与则入染矣，其色斑斓。"其加工过程是将织物折叠捆扎，或缝绞包绑，然后浸入色浆进行染色。扎染中各种捆扎技法的使用与多种染色技术结合，染成的图案纹样多变，具有令人惊叹的艺术魅力，如图 8-24 所示。

图 8-24　扎染作品

2）绘。绘，可分为手绘或喷绘。手绘服装，即画师在原纯色成品服装基础上，根据服装的款式、面料特色以及顾客的爱好，用专门的服装手绘颜料绘制出精美、个性的图画，如图 8-25 所示。喷绘是指液体颜料通过气泵在衣物表面形成一种精巧细腻的图案。

（6）拼贴

拼贴是拼接和贴补艺术的总称，是指将色彩、图案、形状、材质相同或不同的服装材料重新组合、拼接或贴补在一起的服装材料塑造技法。拼贴工艺运用于面料再造设计能表现出民间独特的朴实装饰纹理，成为现代文明和休闲文化的调色板。拼贴在服装设计中的应用样例如图 8-26 所示。

图 8-25　手绘作品

图 8-26　川久保玲男装（运用拼贴手法）作品

2　传统工艺手法作品

传统工艺手法作品如表 8-2 所示。

表 8-2　传统工艺手法作品

作品名称	灵感来源	配料小样	设计说明
漏网之鱼	灵感来源于渔网和鱼		作品运用了金线、棉布等材料，通过编织手法来表现渔网，局部"渔网"使用破坏的手法，形成对比效果；鱼用棉布缝制并填充棉花，做成立体效果

续表

作品名称	灵感来源	配料小样	设计说明
荣誉勋章	 运动俱乐部的 LOGO，采用拼布的方法		作品通过在底布上运用拼接的手法将各种运动俱乐部的标志拼接在一起，使得面料肌理效果明显，在最上面一层点缀各种标志LOGO，使得画面效果和谐统一
苗疆风情	 灵盖来源于我国少数民族——苗族的服饰、手工艺		本款设计采用了刺绣、彩绣等传统工艺手法，在线的配色上采用了对比色，在针法上使用平绣的方法，使整个画面色彩艳丽，具有强烈的民族特色

任务拓展

通过学习传统工艺手法在面料再造设计上的应用，请你寻找新的灵感来源，设计三组运用传统工艺手法的面料小样，要求设计过程有灵感来源分析案板和面料小样，可参考任务实施中的传统工艺手法作品，面料小样尺寸为15cm×15cm。

任务 *8.3* 把握现代设计手法在面料中的表现

【任务情境】　　　在任务 8.2 中你的表现得到了上司的肯定，在接下来的工作中，上司将继续安排你参与今年秋冬面料的研发。本次研发的面料要求融入现代工艺手法，因此，在本次任务中，你需要学习现代工艺手法在面料再造设计中的运用，以便能更好地完成本次任务。

【任务目标】
- 认识服装面料设计中的现代工艺；
- 掌握服装面料设计中常用的现代工艺手法；
- 完成运用现代工艺手法的面料再造设计。

【任务关键词】　　现代工艺手法　烫贴　破损　镂空　做旧　抽纱　灵感来源

【任务解析】　　　本次任务中，首先，需要学习五种常用的现代工艺手法，包括烫贴、破损、镂空、做旧、抽纱；其次，根据现代工艺的手法完成灵感来源分析；最后，根据灵感来源完成面料小样的制作。

【任务思路】　　　认识现代工艺—学习现代工艺的手法—灵感来源分析—面料小样制作

理论与方法

烫钻是我们常见的一种服装辅料。烫图就是烫钻拼成的特定图案粘在背胶纸上，用烫机烫压在衣料（包括 T 恤、毛衣、牛仔服或其他服装及鞋帽、包等）上制作完成的；也可用烫钻器进行点烫，或者用迷你烫钻熨斗简单制作，正因为它制作工艺简单，效果精美，所以近年大受欢迎。

烫钻按出产地可分为韩国烫钻、捷克烫钻、奥地利烫钻、国产烫钻（亚克力烫钻）等。按质地则可分为水晶烫钻、玻璃烫钻、铝制八角烫钻等。烫钻的品质是从亮度、切面、均匀度、胶水牢度、环保等方面来确定的。源自奥地利莱茵河畔南岸的烫钻是世界上最优质的烫钻。20 世纪 90 年代初，韩国企业开始生产烫钻，切面以 8 切面为主，品质虽然无法与奥地利烫钻相比，但是其便宜的价格使得烫钻真正走入服装辅料圈子。21 世纪初，韩国烫钻开始进入中国市场，称为韩钻。之后一些国内企业开始生产烫钻，统称国产烫钻，以 8～10 切面为主。各种不同类型的烫钻如图 8-27 所示。

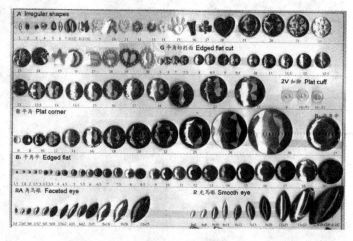

图 8-27　烫钻

实践与操作

现代工艺的手法非常多，表现的形式也非常丰富，通过归纳主要有烫贴、破损、镂空、做旧、抽纱等。

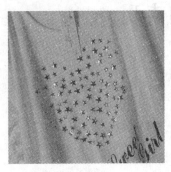

图8-28　烫贴手法

1 烫贴

烫贴片、烫钻、压钻是根据服装部位以及图案设计的要求，用熨斗或机器利用高温烫在面料上，用来装饰和点缀服装面料的一种表现方式，如图8-28所示。

2 破损

破损是指用剪损、撕扯、劈凿、磨、烧、腐蚀等方法，使材料破损、短缺的工艺，如图8-29所示。

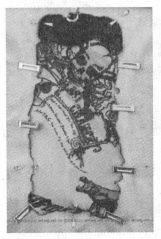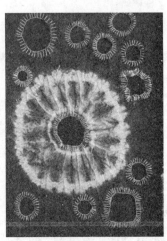

图8-29　破损手法

3 镂空

镂空是指将面料通过雕刻孔、洞的形式，在面料上形成花纹图案，通过机械热压或手动镂空而成。此方法可根据风格的需要在服装上刻出不同造型的图案，如花、动物、文字、几何造型等，颇具剪纸的效果，如图8-30所示。

图8-30　镂空手法

4 做旧

做旧指利用水洗、砂洗、砂纸磨毛、染色以及利用试剂腐蚀等手段，使面料由新变旧的工艺方法。做旧分为手工做旧、整体做旧和局部做旧，如图 8-31 所示。

图 8-31 做旧手法

5 抽纱

抽纱是指将原始婚纱或织物的经纬纱抽去而产生的具有新的构成形式、表现肌理以及审美情趣的特殊效果的表现形式，如图 8-32 所示。

6 现代工艺手法作品

现代工艺手法作品如表 8-3 所示。

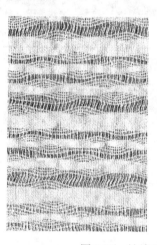

图 8-32 抽纱手法

表 8-3 现代工艺手法作品

作品名称	灵感来源	配料小样	设计说明
秋意	灵感来源于秋天的颜色，树枝呈现的斑驳感		本面料的设计根据树枝的造型，结合秋天的颜色，在手法上运用了粘贴、串珠子、镂空的做法，并为面料染上适当的颜色，充分展现了一幅秋意图

续表

作品名称	灵感来源	配料小样	设计说明
古意	灵感来源于世界上最早的文字——象形文字中的山川、河流		本面料的设计运用了抽丝镂空的手法，在造型上结合了面料的特性，利用刮的手法来达到镂空的效果

任务拓展

通过学习现代工艺手法在面料再造设计上的应用，请你寻找新的灵感来源，设计三组运用现代工艺手法的面料小样，要求设计过程有灵感来源、分析案板和面料小样，可参考任务实施中的现代工艺手法作品，面料小样尺寸为15cm×15cm。

第四篇

维 护 篇

项目 9 匠心独"熨"，护之有道
——走进服装售后养护中心

项目简介 ☞

　　本项目借助学习服装导购相关知识，模拟品牌服装导购员的工作情景，要求学生融入角色。一个成功的导购员除了要了解服装的板型面料，还必须学习如何做好服装的保养工作，要了解服装的去污方法、洗涤程序、保管保养知识、服装整烫等。

　　服装保养是服装文化中不可缺少的重要内容。会不会保养服装，服装保养得好不好，不仅可以体现出一个人、一个家庭的文化素质、个性修养和审美情趣，而且可以体现出一个民族、一个时代的社会风尚、道德水准和科技水平。

项目导入

奢侈品养护存在暴利空间

　　据悉，奢侈品保养一般根据品牌、大小、材质、新旧程度不同，收费标准不同。一般养护一个名牌包的费用为 300～500 元，如需要修补、翻新、改色则价格更贵。比如修复划痕，严重划痕修补费用最多可达千元。相对于皮包，鞋子的养护费用要低些，一般 200 元左右。另外，除了看保养难度外，很多奢侈品养护店看牌子来收费。对于养护的原材料，有的奢侈品养护店打出原厂件的旗号，但是真正的原厂件外面是买不到的，只能是养护中心回收的旧件，这样的配件价格比较高，如果换高仿件则价格相对便宜。

　　"奢侈品保养暴利是业内公认的。"一位长期在广州、深圳等地从事奢侈品保养的业内人士这样表示。以皮包保养为例，做一次常规保养，即使是用最好的原料，费用也不过十几元，但收费却要几百元甚至上千元。"商家之所以把保养价格提得那么高，是因为持有奢侈品的这部分消费者购买力较强，对价格不是太敏感。"该人士这样表示。

　　从事奢侈品皮料贸易多年，目前在广州天河经营皮革生意的曾女士告诉记者，奢侈品皮具和一般皮具的面料并没有本质区别，无非就是传统的皮革或是人工合成皮革。如果是做常规保养，只需消毒、干洗、抛光等几个步骤，在仔细了解面料成分和消费者的要求后，操作起来也并不难。至于所谓的"翻新""美容"其实无外乎去污、去霉防霉和补色等最基本的工艺。"奢侈品包、袋的养护被吹得有点过，所谓"欧洲的药水，德国、意大利的工艺"是不实的夸张宣传。以最严重的长霉来举例，长霉对皮革来说的确是近乎毁灭性的灾难，因此多半奢侈品养护店会拿这一点来吓唬消费者，强调定期保养的重要性，但是即便是最便宜的皮革，在还没有被制作成包、袋之前都是经过防霉处理的，因此，几乎不会轻易发霉，也没有从内到外滋生霉菌的可能。即便表面有些许霉点，用软布擦拭即可。"

任务 *9.1* 识读服装的保养标志

【任务情境】　假设你现在是某服装品牌专卖店的一名新导购员，在你开始工作前，公司将会对你进行培训，其中服装的保养知识是必学内容，在学习保养知识之前应该学会读懂服装上的"标志"，也就是服装洗水唛上的内容。

【任务目标】
- 了解服装导购员的工作职能；
- 掌握服装洗涤标志；
- 掌握服装熨烫标志；
- 掌握服装晾干标志；
- 完成情境模拟测试。

【任务关键词】　服装导购员　洗涤标志　熨烫标志　晾干标志　情境模拟

【任务解析】　本次任务要求先熟悉导购员的基本工作职责；其次学习服装洗涤标志、熨烫标志、存放标志，学会在工作中给顾客介绍各种保养标志的概念；最后通过情境模拟，测试对知识的掌握情况。希望通过学习，你能够尽快掌握服装保养的相关知识。

【任务思路】　了解导购员工作职能—学习服装洗涤标志—学习服装熨烫标志—学习服装晾干标志—情境模拟测试

理论与方法

1 服装导购员的岗位要求

1）工作勤奋、认真、爱岗敬业，热爱导购工作。

2）沟通、表达能力较好，有零售相关工作经验，对服装具有一定的认识。

3）亲和力强，有责任心和团队意识，接受主管的工作安排，完成卖场销售任务。

4）接待顾客的咨询，了解顾客的需求并达成销售。

2 服装导购的工作职能

1）通过在货场与消费者交流向消费者宣传货品和专卖店形象，提高品牌知名度。

2）做好货场、货品的陈列以及安全维护工作，保持货品与助销用品摆放整齐、清洁、有序，如图 9-1 所示。

3）时刻保持良好的服务心态，创造舒适的购物环境，积极向消费者推介，帮助其正确选择满足他们需求的商品，如图 9-2 所示。

图 9-1　美特斯·邦威卖场　　　　图 9-2　服装导购员

4）利用各种销售技巧，营造货场顾客参与气氛，提高顾客购买愿望，增加专卖店的营业额。

5）完成上级主管交代的各项工作，并坚定实行专卖店的各项零售政策。

实践与操作

洗水唛，又叫洗标，标注衣服的面料成分和正确的洗涤方法，如干洗、机洗或手洗，是否可以漂白，晾干方法，熨烫温度要求等。洗水唛一般会缝制在后领中、后腰中的主唛下面或旁边，或者缝在侧缝的位置，如图 9-3 所示。

图 9-3　洗水唛

1　服装洗涤标志

洗涤标志一般标明该款服装的洗涤水温、洗涤方式、可用或不可用的洗涤液等，具体如表 9-1 所示。

表 9-1　洗涤标志及含义

标志	含义
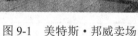	最高水温 30℃，常规洗涤

标志	含义
	最高水温30℃，缓和程序洗涤
	最高水温30℃，非常缓和程序洗涤
	最高水温40℃，常规洗涤
	最高水温40℃，缓和程序洗涤
	最高水温40℃，小心手洗，不可机洗
	不可水洗
	不可漂白
	允许使用任何含氯漂白剂
	仅允许氧漂/非氯漂
	常规干洗
	缓和干洗
	不可干洗
	专业常规湿洗

2 服装熨烫标志

熨烫的标志一般有熨烫温度、是否可熨烫、是否可蒸汽熨烫等，具体如表9-2所示。

表9-2 熨烫标志及含义

标志	含义
	最高温度110℃熨烫
	最高温度150℃熨烫

标志	含义
	最高温度200℃熨烫
	垫布熨烫
	需蒸汽熨烫
	不能蒸汽熨烫
	允许熨烫
	不可熨烫

3 服装晾干标志

　　晾干的标志一般有晾干方式、晾干环境、是否可使用转笼翻转干燥等，具体如表9-3所示。

表9-3　晾干标志及含义

标志	含义
	悬挂晾干
	悬挂滴干
	平摊晾干
	平摊滴干
	在阴凉处悬挂晾干
	在阴凉处平摊晾干
	可使用转笼翻转干燥，排气口最高温度60℃
	可使用转笼翻转干燥，排气口最高温度80℃
	不可使用转笼翻转干燥

任 务 拓 展

　　通过学习，你对洗水唛上的标志有了一定的了解，请你们以小组（4人）为单位，各自带来两件日常穿的服装，并对服装上的洗水唛进行分析，读懂洗水唛上的"标志"。

任务 9.2 掌握服装的保养方法

【任务情境】 任务 9.1 的学习对你学习服装的保养起到了很大的作用。在任务 9.2 中你需要学习服装保养中各种服装面料的洗涤方法、熨烫方法、存放方法、特殊污渍处理方法等。任务 9.2 的学习，将会有助于你成为一名优秀的导购员。

【任务目标】
- 了解服装保养的意义；
- 掌握各种服装面料的洗涤方法；
- 掌握各种服装面料的熨烫方法；
- 掌握各种服装面料的存放方法；
- 掌握特殊污渍的去除方法；
- 完成情境模拟测试。

【任务关键词】 服装导购员 洗涤方法 熨烫方法 存放方法 特殊污渍 情境模拟

【任务解析】 本任务要求先了解服装保养的意义；其次学会如何在工作中给顾客介绍各种服装的洗涤保养方法和特殊污渍去除方法；最后通过情境模拟，测试对知识的掌握情况。希望通过学习，使你能够尽快成为一名优秀的导购员。

【任务思路】 了解服装保养的意义—学习服装洗涤方法—学习服装熨烫方法—学习服装存放方法—学习特殊污渍去除方法—情境模拟测试

理论与方法

为使服装的服用性能得以充分发挥，平时必须做好服装的保养工作，首先应了解服装的保管保养知识、污垢种类、去污方法、洗涤程序、服装整烫，如图 9-4～图 9-6 所示。

图 9-4　服装洗涤

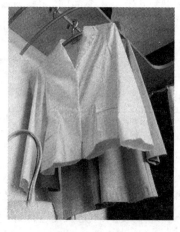
图 9-5　服装存放

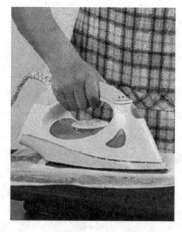
图 9-6　服装熨烫

1 服装正确洗涤的重要性

脏衣服如不换洗，不但影响服装的外观，而且会影响服装的弹性、透气性、保暖性并降低服装的牢度。污垢分解会产生对人体有害的成分，并为细菌及微生物提供繁殖的条件，从而危害人体健康。

2 服装正确存放的重要性

为使服装充分体现耐用方面的功能，必须进行妥善保管，通过保管还可减少服装发脆或变色。

3 服装正确整烫的重要性

洗涤后的服装因织物洗后可穿性不能达到最佳值，会产生程度不一的褶皱，为使服装平挺、美观，必须进行整烫。整烫的作用是使服装平整、挺括、折线分明、合身而富有立体感。

实践与操作

保养与收藏服装是人们日常生活中既普遍又重要的事情，应做到合理安排。存放服装时要做到保持清洁、保持干燥、防止虫蛀、保护衣形等要点。作为一名导购，这些知识必须牢记于心，并在顾客有疑惑的时候及时给予帮助。

1 各种面料服装的洗涤方法

（1）棉织物

1）洗涤方法。棉织物的耐碱性强，不耐酸，抗高温性好，可用各种肥皂或洗涤剂洗涤。洗涤前，可放在水中浸泡几分钟，但不宜过久，以免颜色受到破坏。贴身内衣不可用热水浸泡，以免使汗渍中的蛋白质凝固而黏附在服装上，从而出现黄色斑。使用服装洗涤剂时，最佳水温为40～50℃。漂洗时，可掌握"少量多次"的办法，即每次清水冲洗不一定用许多水，但要多洗几次。每次冲洗完后应拧干，再进行第二次冲洗，以提高洗涤效率。

2）晾晒方法。应在通风阴凉处晾晒衣服，避免在强烈日光下曝晒，使有色织物褪色。

（2）麻纤维织物

1）洗涤方法。麻纤维刚硬，抱合力差。洗涤时，用力要比棉织物轻些，切忌使用硬毛刷刷洗及用力揉搓，以免布料起毛。洗后不可用力拧绞，有色织物不要用热水泡。

2）晾晒方法。不宜在强烈阳光下曝晒，以免褪色。

（3）丝绸织物

1）洗涤方法。洗涤前，将衣物在水中浸泡10min左右，浸泡时间不宜过长。忌用碱水洗，可选用中性肥皂、洗衣粉或中性洗涤剂。洗涤溶液以微温或室温为宜。洗涤完毕，轻轻压挤水分，切忌拧绞。

2）晾晒方法。应在阴凉通风处晾干，不宜在强烈阳光下曝晒，更不宜烘干。

（4）羊毛织物

1）洗涤方法。羊毛不耐碱，因此要用中性洗涤剂洗涤。羊毛织物在 30℃以上的水溶液中会收缩变形，故洗涤水温不宜超过 30℃。通常用室温水（25℃）配制洗涤溶液。洗涤时切忌用搓板搓洗，即使用洗衣机洗涤，也应该"轻洗"，洗涤时间不宜过长，防止缩绒。洗涤后不要拧绞，用手挤压除去水分，然后沥干。用洗衣机脱水时以半分钟为宜。

2）晾晒方法。应在阴凉通风处晾晒，不要在强烈日光下曝晒，以防止织物失去光泽和弹性，以及引起织物强度的下降。

（5）粘胶纤维织物

1）洗涤方法。粘胶纤维缩水率大，吸湿强度低，水洗时要随洗随浸，不可长时间浸泡。粘胶纤维织物遇水会发硬，洗涤时要"轻洗"，以免起毛或裂口。使用中性洗涤剂或低碱性洗涤剂，洗涤溶液的温度不能超过 45℃。洗后，把衣服叠起来，用手挤掉水分，切忌拧绞。

2）晾晒方法。洗后忌曝晒，应在阴凉通风处晾干。

（6）涤纶织物

1）洗涤方法。先用冷水浸泡 15min，然后用一般合成洗涤剂洗涤，洗涤溶液的温度不宜超过 45℃。领口、袖口等较脏部位可用毛刷刷洗。洗后，漂洗净，可轻拧绞。

2）晾晒方法。置阴凉通风处晾干，不可曝晒，不宜烘干，以免受热后起皱。

（7）腈纶织物

1）洗涤方法。基本与涤纶织物洗涤方法相似。先在温水中浸泡 15min，然后用低碱性洗涤剂洗涤，要轻揉、轻搓。厚织物用软毛刷洗刷，最后脱水或轻轻拧干水分。

2）晾晒方法。纯腈纶织物可晾晒，但混纺织物应放在阴凉处晾干。

（8）锦纶织物

1）洗涤方法。先在冷水中浸泡 15min，然后用一般洗涤剂洗涤（含碱多少不论）。洗涤液的温度不宜超过 45℃。

2）晾晒方法。洗后通风阴干，勿晒。

（9）维纶织物

1）洗涤方法。先用室温水浸泡一下，然后在室温下进行洗涤。洗涤剂为一般洗衣粉即可。切忌用热开水，以免使维纶纤维膨胀或变硬，甚至变形。

2）晾晒方法。洗后晾干，避免日晒。

② 各种面料服装的熨烫方法

（1）羊绒制品

1）温度。中温（140℃左右）电蒸汽熨斗整烫。

2）方法。熨斗与羊绒衫离开 0.5～1cm 的距离，切忌压在上面。

（2）合成纤维织品

1）温度。化纤衣物由于吸湿程度差，耐热程度不同，因此，掌握熨烫的温度是关键，熨烫方法基本同其他棉丝毛织品。尼龙织品耐磨且弹性好，但熨烫温度不宜过高，所以应该用一干布做垫再熨烫。

2）方法。涤纶织品既耐磨又不易起皱，所以洗后晾干即可，不用熨烫。由于化纤服装的品种很多，温度很难把握，初次熨烫前可先找衣物里面不明显的部位试熨一下，以免熨坏。

（3）棉麻织品

1）温度。最高 150℃，尽量在服装的反面熨烫。

2）方法。可把蒸汽量开大。一般采用熨烫里面的方法，若正面熨烫应垫干净白布。麻织品和棉麻混纺织品需熨烫时，熨斗温度要低，要先熨衣里，并要垫布熨烫，防止起毛损伤衣物。

（4）丝绸织品

1）温度。温度要适宜，方法要得当。要低温熨烫，熨斗温度一般控制在 110～120℃，温度过高容易使衣物泛色、收缩、软化、变形，严重时还会损坏衣物。

2）方法。熨烫时不要用力过猛，熨斗要不断移动位置，不要在一个地方停留时间过久。熨斗不要直接熨烫绸面，要垫布熨烫；或熨烫衣物反面，防止产生极光、烙印水渍，影响美观和洗涤质量。

（5）皮革

1）温度。温度应控制在 80℃以内。

2）方法。熨时要用清洁的薄棉布做衬熨布，并不停地反复移动，用力要轻，并防止熨斗直接接触皮革，烫损皮革。

（6）人造毛皮

不可熨烫。

3 各种面料服装的存放方法

（1）棉、麻服装

存放时，衣服须洗净、晒干、折平，衣橱、柜箱、聚乙烯包装袋都要保持清洁干净和干燥，防止霉变。白色服装与深色服装存入时最好分开，防止沾色或泛黄。

（2）丝绸服装

存放时，为防潮防尘，要在服装面上盖一层棉布或把丝绸服装包好。白色服装不能放在樟木箱内，也不能放樟脑丸，否则易泛黄。

（3）呢绒服装

各种呢绒服装穿一段时间后，要晾晒拍打，去除灰尘，不穿时放在干燥处，宜悬挂存放，且将织物反面外翻，以防褪色风化，出现风印。存放前，应刷清或洗净、烫平、晒干，通风晾放一天。高档呢绒服装，最好挂在衣橱内，勿叠压，以免变形而影响外观。在存放全毛或混纺服装时，要将樟脑丸用薄纸包好，放在衣服口袋里或衣橱、箱子内。毛绒服装宜与其他服装隔开存放，以免掉绒掉毛，沾污其他服装。

（4）化纤服装

人造纤维服装宜平放，不宜长期吊挂，以免因悬垂而伸长。在存放含天然纤维的混纺织物服装时，可放少量樟脑丸或去虫剂，但不要直接接触；对涤纶、锦纶等合成纤维的服装，则不需放樟脑丸，更不能放卫生球，以免其中的二萘酚对服装及织物造成损害。

4 特殊污渍去除方法

服装在穿着过程中难免会遇上各种特殊的污渍，如笔墨污渍、油渍、锈渍、咖啡渍等。针对各种特殊污渍，去除它们的方法也有所不同，如表9-4所示。

表9-4 污渍种类及去除方法

污渍种类	去除方法
动植物油渍	可用洗涤剂或松香水、香蕉水、汽油等擦洗
酱油渍	新渍采用冷水加洗涤剂，陈渍加氨水清洗，丝毛面料可用10%的柠檬酸洗
果汁渍	轻淡的用冷水清洗，浓重的用氨水加肥皂洗，丝绸用酒精搓洗。
奶渍	不能用热水洗，可用加酶的洗涤剂洗
酒渍	新渍用清水漂洗，陈渍用洗涤剂清洗
茶渍	用洗涤剂或肥皂清洗
冰淇淋渍	用汽油或专用洗涤剂洗
咖啡渍	用洗涤剂或肥皂洗
柿子渍	陈渍极难洗，新渍用葡萄酒加适量盐水搓洗
咖喱渍	用5%的次氯酸钠或专用洗涤剂清洗，后用清水漂洗
血渍	新渍用冷水搓洗，陈渍用葡萄酒加适量盐水或用加酶洗涤剂清洗
蓝墨水渍	新渍用洗涤剂或用煮熟的米饭擦洗，陈渍用专用洗涤剂清洗
红墨水渍	新渍用皂液在温水下浸少时，再用清水漂洗；陈渍用专用洗涤剂清洗
墨渍	用米饭和洗涤剂调匀或用牙膏、肥皂搓擦，随后漂洗干净，可重复多次
汗渍	在洗涤剂中加适量的盐水清洗或用加酶洗涤剂清洗
尿渍	新渍用温水洗除，陈渍用加酶洗涤剂清洗
油漆渍	用香蕉水、松节油或汽油擦洗
铁锈渍	用1%草酸温溶液洗后，再用洗涤剂清洗
霉斑渍	用软刷轻刷，再用专用洗涤剂清洗
泥土渍	先用刷子刷净泥土块，再用洗涤剂或生姜涂擦，随后放入清水中洗净
印泥油渍	用95%的酒精浸泡，后用温水皂液清洗
复写纸渍	用温热洗涤液洗后，用酒精擦，再用清水洗涤
红药水渍	用洗涤剂在温水中洗涤

任务拓展

通过学习，你对各种面料的洗涤方法和存放方法都有了一定的了解，现在请你们以小组（4人）为单位，各自带来一件日常穿的服装，对服装面料进行分析，并提出每件服装的保养方法，填写在"服装保养建议表"中，如表 9-5 所示。

表 9-5　服装保养建议表

导购员	×××	服装款式	
服装款式图		面料分析	
洗涤建议		存放建议	

主要参考文献

安晓冬，等，2009．服装材料塑造与应用[M]．北京：中国劳动社会保障出版社．

李春菁，2004．服装材料的再创造[J]．服装设计师，（4）：31～34．

李艳梅，林兰天，等，2013．现代服装材料与应用[M]．北京：中国纺织出版社．

唐琴，吴基作，2013．服装材料与运用[M]．上海：东华大学出版社．

许淑燕，2013．服装材料与应用 [M]．上海：东华大学出版社．

张晓黎，2006．服装设计创新与实践[M]．成都：四川大学出版社．

朱远胜，2008．面料与服装设计[M]．上海：东华大学出版社（原中国纺织大学出版社）．

高科技纺织服装制品的发展趋势．http://dress.asiaec.edu.com．